你的信仰价值百万

张菲菲◎著

NIDEXINYANGJIAZHIBAIWAN

中国商业出版社

图书在版编目（CIP）数据

你的信仰价值百万 / 张菲菲著 .—北京：中国商业出版社，2014.5

ISBN 978 – 7 – 5044 – 8450 – 5

Ⅰ. ①你… Ⅱ. ①张… Ⅲ. ①成功心理—通俗读物 Ⅳ. ①B848.4 – 49

中国版本图书馆 CIP 数据核字 (2014) 第 075938 号

责任编辑：朱丽丽

中国商业出版社出版发行
010–63180647 www.c–cbook.com
（100053 北京广安门内报国寺1号）
新华书店总店北京发行所经销
三河市龙大印装厂
*
710×1000毫米 16开 13印张 186千字
2014年6月第1版 2014年6月第1次印刷
定价：32.00元
* * * *
（如有印装质量问题可更换）

前言

PREFACE

在生命的时序中，个人的能力有多大，事业就有多大。而超越能力、性格、年龄，影响人生命运的是一个人的心灵。正如美国总统林肯所言："喷泉的高度不会超过它的源头，人也是这样，他的成就决不会超过自己的信念。"

一个人活在这个世界上，需要强大的内心。尤其是面对各种苦难、困扰时，信念与信仰就是生命的力量所在。就像一颗种子落在大地上，它是成为一株小草，还是长成参天大树，完全取决于自身的作为。对每个人来说，信念正是这种决定性因素。

在一家酒店里，有三个汽车推销员刚吃过饭，在谈论有关未来工作的话题。一个人希望拥有一部跑车，另外一个人希望存够了钱出国旅游，第三个在片刻深思之后说："我希望在一年内能卖出一亿元的汽车。"

话音刚落，另外两个人哈哈大笑，认为他不是在开玩笑就是异想天开。然而，出乎所有人的预料，这位推销员经过几年奋斗之后，成为一家汽车销售公司的老板，他的连锁店超过 5 家，而且年营业额超过上亿元。

成功的秘诀在于狂热的执着，或者说，世上从来没有一件伟大的事，是在欠缺狂热下完成的。生命的根本，在于这些狂热的信仰与追求。正是有了坚定的信念、强大的信仰，我们才变得聪慧、勇敢，以现实的行动改变世界、影响他人。

记住：重要的不是你曾经在什么地方，也不是你此刻在什么地方，而是你想要到达什么地方。有了这个清晰的目标，带着信念上路，不断超越自我，则凡事皆有可能实现。换句话说，行动是思想的结果。如果我们连想都不敢去想，连获取的强烈欲望都没有，那么你得到某件东西的几率就是零。

在这个世界上，少数的人，掌握了成功的秘密；更少数的人，掌握了信仰的秘密。信仰，是一种神秘的力量！只要你带着信仰上路，就能充分调动无限潜能，直到奇迹发生。

实际上，“信仰”就是我们苦苦追寻的“成功智商”，是每个人实现跨越式发展的成功跳板。它可以帮我们摆脱身上的消极否定，黑暗中与另一个自己相遇。只要你勇于梦想、勇于尝试，重新看待自己的生活目标，以崭新、正面、积极的态度面对，你最渴望的财富、爱情、声望、成就，将会迅速来到你身边。你也会发现，这些东西其实一直归你所有，是你与生俱来的权利。

任何形式的成功都不在于你怎么做，而在于你怎么想！拥有坚定的理想、强大的信念，把信仰的种子播撒在心田，你的人生就有无限可能。

目录

CONTENTS

第三辑 只要知道去哪儿，全世界都会为你让路

第四辑 挑战逆境离不开强大的信仰

第五辑 去做你害怕的事，害怕自然就会溜走

第六辑 你从不缺少机会，缺少的是坚信的气度

第七辑　积极的自我暗示造就成功的人生

第八辑　带着感恩的信念出发，你的路越走越宽

第九辑 用人生信条吸引一大批追随者

第十辑 信仰成就理想的高度与生命的厚度

第一辑

信念力：相信是一切可能的开始

成功不在于你怎么做，而在于你怎么想！事实上，不相信自己，不信任别人，已经成为成功路上的大敌。于是，这个世界上多了斤斤计较、郁郁寡欢的失败者。相信是一切可能的开始，一开始就抱定某种信念，把一件小事做得不简单的人，更容易成为赢家。

信念让一棵树苗长成参天大树

一个人活在世界上，需要强大的内心。尤其是面对各种苦难、困扰时，信念就是生命的力量所在。就像一颗种子落在大地上，从土壤里伸出了嫩芽，长出两片叶子，很快长出树枝和绿叶，越长越大，长成一棵参天大树——我相信种子里有强烈的信仰。对每个人来说，信念正是这种决定性因素。

造物主给了我们一项完整且无可匹敌的权利——随心所欲地改造自己的思想与态度。一个人的意志与心态，会产生一种吸引力，吸附那些自己最常想到的人、事物及状况。许多人一生穷困潦倒、贫病交加，是因为他们纵容这些负面思想盘踞在心里；相反，一些人飞黄腾达、事业有成，是因为他们总是把积极的信念带在身上。

斯蒂芬·霍金患有神经系统疾病，连讲话都非常困难，整天坐在轮椅上。但是，他刻苦研究理论物理，为人类了解宇宙作出了杰出的贡献。朋友们这样评价他："霍金和爱因斯坦的关系，就像爱因斯坦和牛顿一样。"

土鲁斯·劳特雷克患侏儒症，身体畸形，但是他创作出优秀的绘画作品，是印象画派的大师之一。矮小的身体，并没有影响他的绘画天分，多年以后他仍被后人牢记在心里，作品被广为传诵。

海伦·凯勒双目失明且耳聋，却学会了读书写字，最后成为伟大的作家。她到拉德克利夫去上学，1904 年以优异的成绩毕业。后来，她到处游历，通过写文章和演讲宣传盲童应当有受教育的机会、成年盲人应当有学习技术和就业的机会，指引着无数人奔向光明。

显然，当你以坚定的信念向成功发动冲击，那么你最终一定会走向胜利。在许多人的脑袋里，总是有许多错误的奇怪想法，比如：只有有钱人才能成功，只有力气大的人才能成为超级体育明星，只有漂亮的人才能得到所希望的一切……殊不知，这完全是自欺欺人的表现，是内心缺乏自信的结果。正是由于产生了这些误解，我们的人生才变得那么悲催。

心理学家认为，智商的高低对成功与否只能发挥20%的作用。更多时候，一个人的信念会左右其命运。尤其是当陷入困境，或者因自身缺陷受到歧视时，个人内心的承受能力、自我激励能力决定了下一步行动的方向与成败。

你也许读过历史上伟大的成功者令人着迷的传记，他们的故事本应使你受到鼓舞，但是有的人会感觉这些功绩那么宏大，以至于自己无论如何努力都不可能实现，进而产生失望、自卑情绪。从现在开始，放弃这种不良的心态吧，以积极、乐观的心态看待这个世界，充满自信地迎接每一天，才会在信念的指引下闯出一条光明之路。

小时候，我们每个人都有一个梦想或理想。然而，随着年龄增长，对现实的理解更深刻，许多人放弃了曾经的梦想和信念，甘做一颗无人知道的小草。当然，是否一定要能够同哥伦布、爱迪生相提并论，才是成功者呢？为了获取骄人的成就，是否要有非凡的精力或者特殊的情感力量与特殊才智？其实你大可不必考虑这么多，只要专心去想自己到底想做些什么，只要下定决心去做，并且相信自己一定能梦想成真，这就足够了。

相信是万能的开始，而信念力是生命的支撑力。内心充满强大的信念，就不会消极地同其他人去比较，而是以他们为榜样，投入全部力量去奋斗，一步步接近成功的目标。在此，我要提醒那些消极分子，每一个人来到这个世界，都带着两个同样密封的信封，只有我们自己能打开。其中一个信封，装着源源不断的幸福与富足，只要用我们意志的力量，以积极的态度，引导自己，就一定能够获得。另一个信封则不同，因为缺乏信念，造成接连不断的惩罚与灾难。人生命运的好与坏，完全取决于你的选择。打开满怀信念的信封，开始全新的人生，你会迎接无限可能。

在我们身边，总有一些人必须经历悲剧、失败或某种不幸，才会迸发出积极的意志力，这未尝不是一种生命的损耗。不妨从一开始就带着信念上路，不在怨天尤人上浪费光阴，如此一来才能为平淡的人生增添一抹色彩。而对那些缺乏自信的人来说，请从这一刻开始培养坚定不移的信念吧，它能改造我们的思想与态度，让平凡的人生多一些传奇与色彩。

“心想事成”的秘密

世间万物，都受到威力无穷的自然力量支配。生活中，我们也被这种力量左右，才有了千姿百态的景象。它就是吸引力，一种把各种事务融合在一起的神秘力量。

根据以往的经验，不妨想象一下，所有事情都是你自己吸引来的，是你头脑中所想象的图像吸引来的。也就是说，所有事情都是你的思想所导致。有一句话叫“心想事成”，恰如其分地诠释了这种力量。

心里想到某种东西，强烈地想达成某个目标，人们就会不自觉地努力，经过一番拼搏、运作，就容易把头脑中的想象变成现实。“心想事成”的秘密在于，当头脑里想到某个事情，并且相信一定能够实现的时候，这种信念就会产生强大的力量，在行动上支配着我们梦想成真。相信，构成了成功的开始。

我有一个朋友，在一次车祸中撞折了腿。出院之后，他的右腿无法复原，走起路来一瘸一拐。起初，他也不以为然，但是接下来的生活给他出了个难题。

工作中，以前的竞争对手合起来欺负他，嘲笑他那条伤残的右腿。走在街上时，在每个街区，都有些人用奇怪的眼神看他，甚至有些淘气的小孩子还找他麻烦，用各种方式侮辱他。多年来，他一直想成为销售经理，虽然业绩很突出，但是在最近一次升职考核中，他还是落选了，据说跟他的右腿也有关系。一时间，他的生活充满了不幸和苦难，他由此陷入了消极低沉的情绪中。

听说了这些事，我告诉他，要把注意力集中到那些自己不想要的东西上。我让他看他发给我的邮件，说：再读一下，看看你尽告诉我那些你不想要的东西，而且可以看出，你对此很激动，当你很激动地将你的思想集中在某种东西上时，那会促使它更快发展。

在随后的6到8周内，奇迹确实发生了。他说，办会室里曾经找他麻烦的那些同事，要么被调到另外的部门，要么离开了公司，或者根本不会再找他麻烦了。他开始重新热爱自己的工作。他注意到走在街上时，没有人再来找他麻烦了，他们根本不在那里了。就这样，他的生活开始改变了！因为他不再思考那些他不想要的东西，那些他担心害怕的事情，和想要避免的事情。于是，整个命运因梦想开始转变，朝着自己期望的方向发展。

记得一位哲人说过：“梦想是一个人心中的太阳，它可以照亮生活中的每一步路。”一个人内心炽热的想法，是热能与力量、朝气与生机之源，是升腾智慧之剑的导火索，是洞穿生活中一切磨难的激光，是点燃生命之灯的火花，是激励心志的精神家园。

每个人只有在梦想光辉的照耀下，才会在岁月悠悠、长路漫漫之中矢志不移，遭遇迷津而不徘徊彷徨，身受诱惑而不心神摇荡。有梦想的人，永远相信未来，会朝着这个方向努力，在这种强大的信念感召下，他们的潜能会激发出来，并在勤奋的基础上创造奇迹。

有人问三个砌砖的工人：“你们在干什么？”一个说：“砌砖。”另一个回答：“我正在赚工资。”第三个却说：“我正在建造世界上最富特色的房子。”

不同的回答，呈现了不同的工作态度和胸襟抱负。第一人是为了工作而工作，第二个是为赚钱而工作，第三个人则是为创造的目标而工作。据说到后来，前两人一生都是普通的砌墙工人，而有创造梦想的第三个工人则成了著名的建筑师。

在你渴望成功的心中，梦想着前程充满光明和希望，期待着好梦成真。梦想和期待，就激发了一种力量，不断地促使着人们进步。有的人想法很多，但是却没有真正为梦想感动，或者说他们已经“心死”了。这样的人，即使心里有梦想，也不相信它是真的，不相信它能够真的实现。在他们心中，再也不愿接受梦想之光的照耀，再也没有炽热的追求。他们只求过着波澜不惊的生活，而不求积极进取。梦想的失落，是最大的失落，信念的危机，则是致命的危机。

很多人不知道思想是有频率的，并且能影响人的行为。如果你不断强化你的梦想，或经常在脑海中想象它，你就会向宇宙持续地发射对应的频率，思想不断地发射这种带有磁性的信号，这个信号就会把相似的东西吸引回来。因此，当你看到你想要的东西，并从心底里接受它，你就招唤了一个思想，吸引定律也就会响应你的这个思想。但是当你看到你不想要的东西并在思想中排斥它的时候，你并没有把它推开，相反的，你招唤了一个关于你不想要的东西的思想，而吸引力定律就会把这个你不喜欢的东西吸引到你的身边来。

人活在这个世界上，总是要有梦想，必须看到希望才行。这是我们前进的动力。有了梦想，还需要真心拥抱它，相信自己能够把它变成现实，这种强大的信念会推动着我们应对眼前的困局，开创一条成功的道路，而心想事成的秘密也就在于此。

心有多大，舞台就有多大

在生命的时序中，个人的能力有多大，事业就有多大。而超越能力、性格、年龄，影响人生命运的是一个人的心灵。正所谓，“心有多大，舞台就有多大”，胸怀能超越现实的束缚照亮未来的前程。

每年都会有许多年轻人步入社会参加工作，开启全新的人生。他们都“希望”能登上最高阶层，享受随之而来的成功果实。但是大多数人都不具备必要的信心与决心，因此无法达到光辉的顶点。事实上，他们相信自己达不到期望的高度，所以干脆不去花时间和精力寻找登上巅峰的途径。于是我们看到，大多数人一直停留在平庸的阶层，过着平凡的生活。

然而，总有一些人真的相信自己能够成功，在某一领域创造奇迹。他们抱着“我就要登上巅峰”的积极态度做事，由此在工作中颇有建树。正是因为有了相信的力量，他们的内心装满了广阔的世界，才引导着自己在实践中获得了更大的发展与跨越，登上了更大的舞台。

在一家公司推销员集会上，销售经理有备而来，为大家做了一场精彩的演讲。站在他身旁的是该公司业绩第一的推销员。虽然看上去极为平凡，但他在短短一年的时间里缔造了比别人高出好几倍的业绩，引人注目。

显然，销售经理要把这个年轻人作为演说的对象。他对大家说：“各位，我希望你们好好看看这位推销员，他做到了你们做不到的事。他的业绩平均提高了两倍，但是他的口才有各位的伶俐吗？绝没有。按照智力测验测出的结果，他并不比各位优秀。那么，他为什么会创造销售奇迹呢？”

这时候，台下的一位推销员举起手来，然后说：“他的工作时间比我们多。”另一位推销员说：“他负责销售的地区较好。”还有的人说，他所受的教育程度比别人高，健康状况优于其他人，等等。听到这里，销售经理摇摇头，接着说：“告诉各位，他的工作时间也不会比各位多，并且学历一般，负责一个普通地区的业务。他之所以做出了非凡的成绩，是因为他的抱负比你们远大！”

随后，销售经理侃侃而谈：“所谓的成功，并不是取决于一个人的头脑大小，而取决于一个人的抱负是否远大。当一个人的心灵变得广博、宏远的时候，他就能看到遥远的未来，并以百倍的努力去闯。我观察的愈深刻，愈进一步和多数人交换心得，这个答案也就愈加清晰明确。所有的事例都证明了一件事，一个人的成功、拥有的财富，以及满足度的大小都和他的抱负是否远大息息相关。在我们远大的抱负之中潜藏着一种不可思议的魔力。”

关于信念的威力，并没有什么神奇或神秘可言。信念起作用的过程是这样的：相信“我确实能做到”的态度，产生了能力、技巧与精力这些必备条件，每当你相信“我能做到”时，自然就会想出“如何去做”的方法。

换句话说，人生的法则就是信念的法则。那些你所接受的理性法则和你认为正确的信条都被你实现了吗？了解印在你潜意识里的一切，它们以后将会从你的经验之中显现出来。请你学习去相信自身潜在意识的功能，然后沉思一下，你心底真实的感受是否全面地支配着你的人生。一个人要善于掌握自己的内心，每当失意的时候，懂得自我激励，培养坚定的意志与信念；每当得意的时候，不能忘记远大梦想，必须沿着正确的方向一步步跃进。有一颗积极奋进、追求卓越的心，我们的人生就会变得与众不同，挥洒才智的舞台就会更宽广。

我曾经观察过许多各式各样的人，发现贫穷的人只能看到目前现有的状态，绝不会想到更远的未来。我的一位邻居就是一位很好的例子。他不断抱怨薪水太低，或是谁中了赛马的彩票，医药费太贵等等，总是不停地发牢骚。他时常认为自己就是一个贫穷的家伙，所以愈变愈贫穷。这似乎是许多人的生存状态，他们面对一成不变的生活，除了哀声叹气、怨天尤人外什么都不能做，只能让剩余的人生在自我封闭的世界里度过。

心变小了，一个人的生活也会变得单调乏味。有远大抱负的人，即使在普通的岗位上工作，也会有更高的追求，想象自己美好的未来。他们在信念的指引下努力，逐步迈向通往富裕生活的康庄大道。这种人也就是能掌握住成功原则的人。

人生苦短，必须为自己制造一些梦境，追求更美好的未来，才会让生命焕发勃勃生机，成为一个气势不凡的人。问题在于，我们所有的想法都会受到周围环境的影响，然而这种影响却往往不是远大而是短暂的。因此，无论前面多么艰险，无论生活多么无助，都要扮演好造梦师的角色，让自己有一个远大的目标，在自我激励中前行，伸手抓住完美的生活。

请牢记，心胸有多大，舞台就有多大。人要有远大的志向，并善于付诸行动，成就伟业；而且还要懂得：最大的名气，不是显露的名气；最大的财富，不是炫耀的财富；真正的平衡是顺道自然的平等。

一个人的成就不会超过他的信念

对每个人来说，信念是最大的无形资产。任何时候，有了积极的态度，向上的斗志，就容易得到帮助。在努力奋进的过程中，一个人的成就大多不会超过他的信念。对此，美国总统林肯说过："喷泉的高度不会超过它的源头，人也是这样，他的成就决不会超过自己的信念。"

在一家酒店里，有三个汽车推销员刚吃过饭，在谈论有关未来工作的话题。一个人希望拥有一部跑车，另外一个人希望存够了钱出国旅游，第三位在片刻深思之后说："我希望在一年内能卖出一亿元的汽车。"

听到这里，另外两个人哈哈大笑，认为他不是在开玩笑就是头脑有些不正常。但是，没有人想到，这位推销员经过几年奋斗之后，成为一位汽车销售公司的老板，他的连锁店超过 5 家，而且年营业额超过上亿元。

研究表明，不管做任何事情，都要将目标定得高些，从而扩大自己的理想，放大自己的欲望。比如，目前年收入是 10 万，那么今后的目标则为20万；如果渴望拥有100万元的高级住宅，那么就将目标指向价值200万元的房子。有了这种“奢望”的愿望，我们就会为此付出相应的努力，想办法克服各种困难，创造奇迹。也许，实现这些目标是极为困难的，但是只要去做了，就比降低你的野心，停顿自己的进步更能够接近成功。

因此，一个人要敢于“奢望”。即使有天赋，如果不抱着克服困难的决心，则凡事也不可为。事实上，成功就是把能力充分发挥出来。倘若没有机会容许你表现自己的才干，使你的行为受到赞扬，或者胸有成竹地去增长自己的才能，那么一切都无从谈起了。不断设定目标，不断追求，就是为了克服环境、解决问题、达成目标而努力，没有应克服的障碍、应达成的目标，人活着将找不出真正的满足和幸福感。所以，认为人生不再有生存价值的人，很可能是已失去了值得追求和努力的目标。

记住：重要的不是你曾经在什么地方，也不是你现在在什么地方，而是你想要去哪里。有了这个清晰的目标，带着信念上路，去不断超越自我，则凡事皆有可能实现。换句话说，行动是思想的结果。如果我们连想都不敢去想，连获取的强烈欲望都没有，那么你得到某件东西的几率就是零。

洛克菲勒出身贫寒，少年时在他人的农田劳作，每天挣30美分。他把挣来的钱存起来，积攒到50美元时，他以年息七厘借给别人，结果发现一年的利息等于他做十天的苦工。从那时起，他就发誓：“我决心要使钱成为我的奴隶，而不再做钱的奴隶。”

因为贫穷，洛克菲勒被女友的母亲斥为没出息，最终无法与心爱的姑娘走到一起。这更刺激了他赚钱的欲望。后来，他发奋努力，于1870年创立了标准石油公司。此后，生意越做越大，在全盛期垄断了全美90%的石油市场，成为美国第一位十亿富豪与全球首富。试想一下，如果没有最初对金钱的渴望，洛克菲勒是不会全身心投入经商，并最后成为亿万富翁的。

谁也没有想到，年轻时一心要赚钱的洛克菲勒，在他55岁一场大病后，却又决心要捐钱了。他说："我深信上帝赐予我赚钱的本领……我要用上天这份礼物为人类谋幸福……我要赚更多的钱，然后与同胞分享这些钱，造福人类。"从那时起，他真正懂得了什么是"钱"，而不是单纯占有更多的金钱。

后来，洛克菲勒投身慈善事业，主要是教育和医药领域。1897年，他正式结束对标准石油的直接管理，但保持了大部分的股权。然后，他出资成立洛克菲勒研究所，资助北美医学研究，包括根除十二指肠寄生虫和黄热病，帮助了野口英世的研究，也对抗生素的发现贡献甚大。另外难得的是，他对黑人族群非常关照，并斥巨资提升黑人教育，广设学校。今天，两所美国顶尖大学——芝加哥大学与洛克菲勒大学都是他创办的。在纽约市，处处可见洛克菲勒家族留下的地标，比如联合国总部大楼、洛克菲勒中心等等。

从获取更多财富，到成为慈善家，洛克菲勒上演的每一幕传奇都离不开他坚定的信念。虽然饱受争议，但是没有人否定洛克菲勒本身具备的商业才能与慈善精神。正是在这些强烈的信念指引下，他始终走在同时代人的前列，创造了一个个传奇。

美国克莱斯勒汽车公司创办人沃尔特·克莱斯勒曾说："成功的秘诀在于狂热。"爱迪生也说过："世上从来没有一件伟大的事，是在欠缺狂热下完成的。"生命的根本，在于这些狂热的信仰与追求。正是有了这些信念，我们才变得聪慧、勇敢，以现实的行动改变世界、影响他人。

历史上，许多思想家均宣称，人类一切行动，不外受到两股强大力量所驱使。有人说，这两股力量是快乐与痛苦。但是，往深层考究，在苦与乐的背后，其实是心头的想法在左右我们的言行，对个体行为与生活产生或拉或推的作用。这种力量拉你一把，你就会往上走一步，如果这种力量推你一下，你可能跌下不止一个台阶。信念的神奇之处就在于此。

人生充满了戏剧性，一个人的成就大小，与知识、人脉、技术都有关系，但是发挥根本作用的是信念。胸怀大志的另一层意义是，只依凭你的意志就可自由地达到成功，并不一定需要他人的支持，而且他人也不会阻碍你的理想。须知，唯一成为你障碍的，就是你自己的信念不够强大。

信仰是人生奋斗的开始

信仰，就是相信人生中有一种东西比自己的生命重要得多，甚至是人生中最重要的东西，值得为之活着，必要时也值得为之献身。如果你有这种坚定的信仰，那么你就会获得无穷的力量，任何苦难都无法让你低下高贵的头。

人生在世，就要不懈奋斗，失去信仰是无法想象的。信仰是内心的光，它照亮了我们的人生之路。没有信仰的人犹如在黑暗中行路，不辨方向，没有目标，随波逐流，活一辈子也只是浑浑噩噩。

亚伯拉罕·林肯是美国历史上最伟大的总统之一，但是他的个人成长道路并非一帆风顺，而是充满艰辛。在多年的奋斗日子里，林肯积极进取，一步步走向成功，离不开他成为政治家的信仰精神。

1832 年，林肯失业了，尽管十分伤心，但他坚定信心要成为一名政治家。在竞选州议员的活动中，林肯没有成功。接着他尝试创办企业，谋求长远的发展；但是一年以后，企业又倒闭了。此后近 20 年间，林肯一直为偿还企业债务而到处奔波，过着漂泊不定的日子。

多年以后，林肯成功竞选州议员，但是在竞选州议会议长、美国国会议员的道路上又遭受了挫折。面对生活的挑战，林肯没有放弃，他以积极乐观的精神投入到新的工作中去。1846 年，他竞选国会议员获得成功。接下来，林肯竞选参议员、美国副总统提名反复遭遇打击。对此，他仍然坚持内心的信仰，不懈奋斗着。1860 年，机会终于来了，林肯登上美国总统宝座。

一生遭遇 9 次重大失败，却仍能问鼎总统宝座，这就是在信仰支撑下努力前行的亚伯拉罕·林肯。他一直没有放弃追求，始终做自己生活的主宰，成为后人拼搏进取的光辉榜样。由此可见，无论成长道路上多么艰险、困苦，只要坚守自己的信仰，就一定能通向成功的彼岸。

信仰，是对目标的坚信，能给人带来无穷的力量。有信仰的人，决不盲目相信某一种流行的东西或其他思想，而是通过独立思考和实践体悟来寻求和确立自己的信仰归宿。

两千多年前，苏格拉底就是被雅典民众以不信神的罪名处死的。他的确不信神，但他有自己的坚定信仰，那就是：人生的价值在于爱智慧，用理性省察生活尤其是道德生活。在审判时，法庭免他一死，前提是他必须放弃信奉和宣传这一信仰，被他拒绝了。他说，未经省察的人生不值得一过，活着不如死去。他为自己的信仰献出了宝贵的生命。

历史上，哪一位巨人没有坚定的信仰？否则，他们不可能在有限的生命中创造一番功业，最终青史留名。信仰简单，理想便更容易实现，因为你不会有其他额外的过多牵挂。信仰崇高，人生价值则会变得崇高，从而追求更有意义的目标，并为之奋斗。信仰光明，就不会有黑暗，始终朝着光亮的地方前行，直到迎来通途大道。

信仰为何有这么巨大的威力？奋斗中的人们应该怎样构建自己的信仰？更多时候，信仰是当事人的一种祷告，它激发了我们内心深处渴望成功的勇气和力量。有了坚定的信仰，就会时时告诫自己去努力，并且坚韧地去实现特定的目标。

对世界最有贡献、最有价值的人，就是那些目光远大，且有先见之明的坚定信仰者。他们能运用智力和知识，来为人类造福，把那些目光短浅、深受束缚和陷于迷信的人解救出来。有先见之明的信仰者，还能把常人看来做不到的事情，一一变为现实。有人说，执着这东西，对于艺术家、音乐家和诗人大有用处，但在实际生活中，它的位置并没有那样的显赫。但事实告诉我们：凡是成功者都有坚定的信仰，并为之努力奋斗。

马可尼发明无线电，是惊人梦想的实现。这个惊人梦想的实现，使得航行在惊涛骇浪中的船只一旦遭受到灾祸，便可利用无线电，发出求救信号，由此拯救人的生命。

史蒂芬孙原先是一个贫穷的矿工，但他制造火车机车的梦想也变成了现实，使人类的交通工具大为改观，人类的运输能力也得以空前地提高。

电报在没有被发明之前，也被认为是人类的梦想，但莫尔斯竟使这梦想得以实现了，电报一旦发明，世界各地消息的传递，从此变得是多么的便利。

……

可以说，正是在梦想的指引下，这些人把实现特定目标当做自己的信仰，为之奋斗一生。研究发现，人类所具有的种种力量中，最神奇的莫过于信仰的威力。如果我们相信明天更美好，就不必计较今天所受的痛苦。有伟大信仰的人，即使阻以千难万险，也不能挡住他前进的脚步。

一个人如果有能力从烦恼、痛苦、困难的环境，转移到愉快、舒适、甜蜜的境地，那么这种能力一定是灵魂深处的信仰。许多时候，如果我们在生命中失去了信仰的能力，那么谁还能以坚定的信念、充分的希望、十足的勇敢去继续奋斗呢？

当然，一个人要真正确立起自己的信仰，并不是一件容易的事，不但需要独立思考，而且需要相当的阅历和比较。在漫长的人生道路上，改变信仰的事情也是经常发生的，不足为怪。在我看来，在信仰的问题上，真正重要的是要有真诚的态度。所谓真诚，第一就是要认真，既不是无所谓，可有可无，也不是随大流，盲目相信；第二就是要诚实，决不自欺欺人。有了这种真诚的态度，即使你没有找到一种明确的思想形态作为你的信仰，你也可以算作是一个有信仰的人了，因为你至少是在信仰着一种有真诚追求的人生境界。

信心让小人物成就大事业

人生之路从来不是通衢大道，它充满了梦想与挫折，奇迹与艰辛，光荣与失落。没有人一生下来就光芒万丈，但即便是最普通的小角色，我们也要用心去演。最重要的是，无论面对怎样的残酷现实，都要有信心，相信明天会更好，相信自己可以改变一切。

在生命的旅程中，自信是一种美，它能产生一种强大的推动力，使你坚信自己能攻破任何艰难险阻，扫平一切暗礁浊浪。正如爱默生所说："自信是英雄的本质。"那些相信自己能做到的人，一定会成功；而那些缺乏自信的人，常常在困难面前败下阵来，很难有大的作为。

我曾经与许多在各种职业中失败过的人交谈，发现这些人都习惯给自己找失败的理由和借口。比如，他们会说："老实说，我原来就不认为它会行得通"，"事实上，我对这件事情的失败并不觉得太惊奇"，"我在开始前就感到不安了"，等等。仔细研究可以发现，他们大多都采取"我暂且试试看，但我想不会有什么好结果"的态度，结果最后导致了失败。

在这里，"不相信"是他们内心的真实写照，这股消极的力量摧毁了奋进的可能，注定一事无成。须知，相信会成功，是所有伟大科学发现背后的动力；相信会成功，是那些已经成功的人所拥有的一项基本而绝对必备的要素；相信会成功，实实在在地相信，就会使你有能力改变一切。

18世纪后半叶，只身探险航海风靡欧洲大陆。当时，有100多名德国青年冒险横渡大西洋，结果全部遇难。一时间，大家航海出行的热情骤减。然而，一位精神病专家林德曼却宣布，他将独自横渡大西洋这一死亡之洋。

多年医疗实践让林德曼意识到，许多精神病人都有一个共同特点：易丧失信心。具体来说，在外界压力下丧失承受力，最终导致精神全线垮落，从而造成心理上的崩溃。为此，林德曼决定以横渡大西洋为实验，看看强化信心对人的肌体和心理会产生怎样的效果。

经过一番准备，林德曼出发了。在独舟出航的十几天后，他遭遇桅杆被巨浪折断、船舱进水等事故。此外，因长时间缺少睡眠，营养不良，林德曼开始产生幻觉，肢体渐渐失去感觉，脑海中常出现死去比活着更舒服的念头。紧要关头，他提醒自己："我一定能成功！绝不能葬身大海。"结果，他真的奇迹般地穿越了大西洋。

谈到对这次探险行动的感悟，林德曼说："以前100多位先驱者遇难的原因，不是船体的翻覆，不是生理能力达到了极限，而是精神上的绝望。人完全可以通过自我鼓励和自我精神强化战胜肉体上战胜不了的困难，从而创造奇迹。"

事实上，没有充分的自信，再佳的成才优势也只能变成没有曝光的底片。一个人理应显示自己的伟大，展现自己的雄姿。只有充分相信自己的力量，有足够的勇气对待生活，才能爆发出无穷无尽的热能，促进你成为栋梁之才。

当年，爱迪生为了寻找做灯丝的材料，先后进行了上千次实验，但是都以失败告终。这时，有人对他说："想要用电灯驱走黑暗真是太难了！"爱迪生却仍旧充满自信地说："不！我已经进行了上千次实验，知道了上千种材料都不适合做灯丝。"后来，爱迪生从失败中吸取教训，并经过不懈努力，终于采用钨丝给人们带来了光明。一些人认为"上千次失败的实验"是负担，证明"电灯"是不可行的发明创造；而爱迪生则毫不气馁，每次失败后仍信心满满地开始新的试验，最终点亮了灯光。

历史上那些伟大人物，一开始都是名不见经传的平凡人，他们朝着伟大的目标奋进，难免遭遇挫折和打击，而信心则是伴随他们一路走来，直到最后成功。可以说，正是这份自信，让他们屡败屡战。

没有人会喜欢过平庸的生活，也没有人喜欢自己被胁迫干事。最实用的成功经验，那就是“坚定不移的信心能够移山”。可是真正相信自己能移山的人并不多，结果，真正做到“移山”的人也不多。须知，人类是自己思想的产物。所以我们应当有高标准，提高自信心，并且执著、认真地相信必能成功。

马尔顿说：“坚决的信心，能使平凡的人们，做出惊人的事业。”生在世界上，存于宇宙间，你应该有勇气展示自己的才华、个性和风采。你应该自信，与别人同顶炎炎烈日，共沐皎皎月辉，心智不缺，心力不乏，你完全有能力傲立苍穹，立业成器，没有必要自惭形秽，自暴自弃。只要有信心，相信自己能行，小人物也能成就大事业。

发挥信念的正能量

坚定的信念，有助于人们获得强大的内心，从而妥善应对外界的各种挑战。然而，凡事都有利弊，正向的信念无疑增加积极的效能，而消极的信念则把人们拉向地狱。因此，注意发挥信念的正能量，是获取成功的关键。

有一位大法官在他70岁生日那天自杀了。遗体旁边留着一份关于“合理寿命”和“奥斯勒生命简论”的笔记，里面有这样几段话：“七十岁，这是《圣经》规定的合理寿命。超过这个年龄，作为人的积极工作就该停止，在地球上生活的期限也该结束了……我今年七十岁了，而只是处于生命的转折点，我还很健康……”

按照奥斯勒理论的观点，人一旦超过六十岁，实际上就没有什么用处了，只会成为自身和世界的负担。显然，这位大法官长期受这种理论的影响，加上《圣经》上以70岁为人们的合理生命限度，才有了上面惨剧的发生。

一个人连死都不怕，其内心的刚毅、坚强无疑令人震撼。问题在于，如果把生命交给不合时宜的错误理论，在错误的信念影响下做出傻事，那就是人生的遗憾了。由此看来，相信什么是很重要的。相信积极、正向的东西，就能获取迈向成功的动力；反之，内心的信念迷失了方向，那么我们就要走冤枉路。

许多时候，我们并不知道自己如何受自己的思想控制，不知道信仰到底有多大的力量，大到可以影响生命的程度。于是，有些人就会不自觉地产生消极念头，甚至一再自我暗示。比如，有的人深信寿命不能超过某个界限（可能是父母死去的年龄），而义无反顾地主动缩短自己的寿命。他们经常唠叨：“我可不想活得太老，我爸妈就死得很早。”显然，这种负面的信念力会打乱生命的节奏，产生不小的危害。

有一个人身体很健康，但是他突然在某一天对家人说，他会在下次过生日时自杀，自己的寿命理应到这天。第二年，在生日到来的那天下午，他拒绝工作，声称午夜之前自己会离开这个世界。对此，全家人都很警惕，坚决让医生为他做全面的检查。结果，医生说他什么病都没有。但是，这个人开始拒绝进食，身体也越来越虚弱，最终在午夜前死去。

事实上，要自杀的想法根植于他的意识深处，成为一种信念。这种负面的信念如此强烈，以致他的全部意识都集中在结束自己生命这件事上，最终信念力完全抑制了他的生命过程，于是有了上面悲惨的一幕。

如果你相信——或者有某事件迫使你相信，你大概会在五十岁左右显现出年老迹象，在六十岁时丧失生存能力，失去对生命的兴趣，日渐衰老直至死去，那么，这世界上将没有任何力量能阻止你的衰老和死亡。显然，如果我们不能发挥信念的正能量，那么就要听从负面能量的召唤，作出许多错误的举动，最终自食恶果。

在繁忙的生活中，我们经常感觉身心疲惫。这时候，千万别觉得自己在慢慢变老。当你开始感觉到老化时，要坚决地对自己说："我很年轻，我的机体每时每刻都在自我更新。我的生命每时每刻都从无限的生命之源那里获得新的体验。每个清晨我都是全新的，夜晚来临时我便得到了恢复，因为我始终栖居于神圣的生命之源中。"不但要坚持这样的信念，而且要时不时地对自己反复吟诵。把这一生生不息、青春洋溢的图景深深镌刻入脑海，从而发出信念的正能量，让身体的每个细胞都散发活力，而非消沉下去。

由此看来，信念力具有双面引导作用。暮气沉沉的思想会招来身体的衰老；朝气蓬勃的思想或是活力四射的思想，则会让身体保持年轻。思想的衰老会比身体的老化来得早，因为身体的老化是思想衰老的产物，它源于思想的老化。当看到有些跟我们年龄相仿的人，身体已经开始逐渐衰退，显示出衰老迹象的时候，我们就会想象自己也是如此，于是也照行不误。生活中，我们要学会发挥信念的正能量，朝着积极的方面努力，去塑造人生，那么未来的日子一定是充满希望的。

把信念力变成竞争力

积极的信念拥有无穷的力量，可以让一个人内心强大，具备坚忍不拔、战胜逆境的胆魄。而这一点，无疑是应对竞争与变化的关键。

在我们身边，那些有作为的人大多具备这样一种能力——从烦恼、痛苦、困难的环境，转移到愉快、舒适、甜蜜的境地，从而在社会竞争中占据有力地位。而一旦在生命中失去了这种能力，那么内心世界就会暗无天日，缺少了希望、勇敢等品质，又如何去继续奋斗呢？

美国西部大开发的时候，有两个年轻人一起去淘金。起初，他们在当地都挣了一点钱，于是各自揣着钱去更远的城市开饭店。

饭店的生意没有他们想像的那么红火，一年下来，一算账，还赔了一些钱。其中，一个人想，如果这样赔下去，过不了两年，就会赔得"连本搭上"，不如趁现在还没有"全军覆没"，迅速打道回府。他是这样想的，也这样做了。

临走的时候，他找到当时一起来淘金的同伴，劝他也果断撤退。尽管生意不好，但是对方"固执己见"："眼下整个美国的经济都不景气，要咬紧牙关度过艰难期，相信用不了多久就会好转。"

十年以后，那个回到故乡的人从事了许多行业，但是没有做成一桩大生意，最后连当初积攒的那点钱也花完了，只好靠给人家打工维持生计。而那个留下来的人，始终坚持着自己的理想。在生意不景气的时候，他除了开饭店，还在饭店附近开垦了一片荒地，种植各种各样的蔬菜，后来还建起一座养鱼池，除为饭店提供，并向周围的居民出售。结果，这种立体循环的经营模式让他最终成为富翁。

许多时候，只要坚持下去，积极地想办法，任何难关都能闯过去，从而迎来一片曙光。陷入逆境的时候，千万别忘了：坚持就是胜利！有了这种强大的信念，就能积极应对各种挑战，形成非凡的竞争力。而信心不足，信念力缺失，则是很多人失败的根源。

人生的旅程总是会见识到各种风景，也会展示出个人的气质与实力。顺境中，大家都是出色的选手，只有在逆境中才能看出一个人是否够优秀。逆势背景下，也更容易考验一个人的素质与能力。

现实中，总有那些不善于在逆境中生存的人，在环境好的时候还能坚持，一旦遇到困难就一筹莫展。“实在是没办法”，“一点办法也没有”，当你向别人提出某种要求时，得到这样的回答，你是不是会觉得很失望？一句“没办法”，我们似乎为自己找到了可以不做的理由。但也正是一句“没办法”，浇灭了很多创造之花，阻碍了前进的步伐！

是真的没办法吗？还是根本没有好好动脑筋想办法？事实上，只要用一种大的视野，一种综观全局的胸怀，来看待人生的挫折和挑战；用一种灵动多变的思考方式，一种随机应变的智慧，去分析判断问题，就没有解决不了的问题。这就是生命的信念，也是奋斗的勇气。

有位成功人士说过：“努力或许不一定让一个人成功，但持续不断的努力，一定会使人成功。”从这份感言中可以看到，持续不断的努力，锲而不舍的韧劲，是一把走进成功大门的钥匙，它可以使人在大灾祸、大困苦的时候不致灭亡，它可使贫穷的青年坚持半工半读念完大学，使洪水过后良田成泥滩的农民再一次播种下收获的希望，使失败的人一次次从失败中站起来坚强地再一次迈向成功。可以说，世界上没有什么能够比得上坚韧的信念力。

一个有着坚强意志力的人，相信所有困难都是可以征服的，只要想办法总能冲破眼前的困局。如此一来，就有了创造的力量。

你是以怎样的态度来应付挑战呢？当困难临头的时候，你感到慌乱或是恐惧吗？是犹豫还是逃避呢？你面对困难的时候，是否用推诿的态度呢？比如你会想“如果我能做的话，我一定做”，还是会以“试试看”的态度对付困难呢？不管以前如何，从这一刻开始，请用强大的信念力改变自我，战胜一切。

第二辑

相信自己，你就是一道风景

每个人都是造物主的天使，既然来到世间，就要自信满满地上路，发现世界的美，做好生命中的每一件事。相信自己，尽力而为，我们都是风景中不可缺少的一部分。不要等到老去的时候，才发觉自己未曾尽力，留下无穷的遗憾。

你的未来由你自己创造

思想决定人的行为，强大的自信使人具备强大的行动能力。因此，培养强大的自信心，以诚挚的信念和不懈的努力去奋斗，成功也是指日可待的。

信念是支撑你实现人生目标的精神支柱。如果你总是妄自菲薄，觉得自己毫无价值，言谈、举止缺乏自信，又怎么能够获得巨大的成功？如果你不提升个人的自信心，总是关注他人对自己的看法，畏首畏尾，不敢做出自己的决定，你将举步维艰，越来越难取得关键性的成功，最终一事无成。

相反，那些内心强大、相信自己价值的人，会从人生经历中汲取更多养料，从而可以在社会中担负更重的责任。他们的性格、思想、看法、待人接物，无时无刻不在向他人强调自己的存在。

或许有些人会说，自信心是一个老生常谈的话题。可是，为什么在现实中总有那么一些人因自信心不足而丧失良机，甚至造成终身的遗憾呢？

我想大多数人都曾确定自己的人生目标，要实现这些目标，首先必须具备坚定的信念，相信自己能够做到，在实现目标的过程中遇到挫折时，时刻提醒自己暂时的困难妨碍不了最后的成功。只有充分相信自己，才能等到云开雾散的那一天；而丧失自信心，总是会带来失败。

游泳好手查德威克的故事可以作为上述论点的佐证：曾经横渡过英吉利海峡的她想再创一项纪录，她计划从卡德林那岛游向加利福尼亚海滩。

这一天，当她已经在海水里泡了16个小时，游近加利福尼亚海岸时，嘴唇冻得发紫，全身一阵阵地发抖。她感到难以完成计划，便请求朋友把她拖上船，但船上的人们劝她再坚持一下。浓雾使她难以看到海岸，她以为别人在骗她，经过再三请求，冷得发抖、浑身湿淋淋的查德威克被拉上了小艇。事后，她对采访的人说，大雾阻止了她去夺取最后的胜利，如果当时能够看到陆地，她就一定可以坚持游到终点。这件事过后，她认识到，其实阻截她成功的，不是大雾，而是她内心的疑惑。是她自己让大雾挡住了视线，迷惑了心灵，先是对自己失去了信心，然后才被大雾给俘虏了。

两个月后，查德威克又进行了一次尝试。浓雾依然笼罩在她的周围，海水还是那样冰冷刺骨，她同样望不见陆地。但她知道陆地就在前方，她奋力向前游，最终获得了成功。

成功属于自信满满的人，相信自己能够坚持到底，自然会在明确方向的指引下一路狂奔，到达成功的彼岸。一个人如果失去了必胜的信念，就不会努力付出，永远无法到达终点；你不勇敢行动，上帝也帮不了你。

我有一个朋友，他的儿子成绩很好，但总是对自己缺乏信心。有一次，他经过充分准备，怀着忐忑的心情走进了升学的考场。第一天的答题很顺利，但第二天，刚发下数学试卷时，看到多一半是陌生的题目，他懵了，心想这下完了……交卷时间到了，望着只答了一半的试卷，他哭了。虽然剩下的考试对每个考生来说都相对比较容易，但他认为自己没有必要参加剩下的两门考试了，于是怀着失落的心情悄悄离开了考场。

可是，后面的事更加令他伤心和遗憾，虽然他数学分数很低，但是当年所有考生的平均成绩比他的分数还要低，如果他坚持参加所有科目的考试，肯定可以被录取，但是他却永远失去了深造的机会。

如果有起码的自信，事情一定不会是上面所说的结果，他们本来都应该迈向成功之路，却因为不相信自己的能力，没有坚持到底的信念，酿成了无法挽回的悲剧。这个教训多么深刻呀！

成功并不是只有一盒蛋糕，别人切了，你就没有了。每个人都有自己成功的蛋糕，关键是你是否有足够强大的信念去得到它。你能否成功，与别人毫无关系。只有自己想成功，才有成功的可能。

从这一刻开始，不妨多给自己一些自信，学会自愿自觉地去奋斗。当一个人失去生活的目的和意义，万念俱灭之时，应该重头再来；当一个人认了死理，不达目的不罢休时，那就是矢志不渝。总之，每个人的未来都是由他自己创造的，相信自己的人，终会拥有非凡的人生。

心中长存一个念头："我能行"

很多时候，最大的敌人是自己的心，内心的脆弱往往导致人们在败给对手之前先败给自己。你应当学会把所有的顾虑、所有的担忧都抛到脑后。不管遇到多大的困难，也要笑着告诉自己："我能行。"不管面对多大的压力，也要轻松地给自己打气："我能行。"

你必须要真正地看重自己，只有真正地看重自己，才有可能赢得他人的尊重。思维决定行动，而如何行动，又决定着别人如何对你做出反应。就像你的个人成功计划中的其他要求一样，赢得尊重说起来并不难。赢得他人的尊重，你首先要有自尊。你更多地尊重自己，别人也会更多地尊重你。不妨试想一下，你尊重一个无赖或酒鬼吗？当然不，因为他缺乏自尊，自甘堕落。

自尊体现在我们所做的每一件事情上。某些特殊的办法可以帮助我们增强自尊，因而也赢得他人更多的尊重。

试着做以下的练习帮助你正确地衡量自己：

首先，最少找到你身上具备的五项主要资产。可请一些较客观的朋友来帮忙，保证他们能够明智忠实地提出意见。通常须列出的资产项目可包括教育、经验、技能、仪表、和谐的家庭生活、处世态度、品行、干劲等。然后，在每一项资产下，写出三位因为此项资产已经获得巨大成就的人物，但是与你相比，这个人在这项资产上并未见得比你优秀。这时，你就会发现你至少某一项资产比许多成功者强。

最终你会得到一个结论：你比你想像中的自己还要强大。所以，绝不要轻易看轻自己，与你目前所处的位置相比，你应当在更高的高度上，你也能像其他人一样成功。

许多人一事无成，就是因为他们低估了自己的能力，妄自菲薄。要想实现多大的人生价值，取得多高的成就，你就得树立多大的志向、多大的理想。而看重自己，又总是和你个人坚持不懈的奋斗密不可分。能始终不渝地奋斗，又源于你强烈的自尊自信，相信自己“我能行”。

在个人成长的道路上，具备坚强的自信心和积极的进取心、坚持永无止境地奋斗才有可能通向成功的彼岸。

在面对问题时人们经常会受到“不可能”观念的困扰，你可以对所谓不可能的因素展开一次实事求是、客观的研究，结果你会发现所谓的不可能，只要以冷静、客观的态度，运用智慧来应对所涉及的事物，你通常能克服这些所谓的“不可能”。

我经常对别人说：“只要坚持下去，总有一天情况会好转的。”小的时候，每当遭遇挫折和失意，母亲就会这样说：“如果你坚持下去，积极进取，总有一天会交上好运。而你还要认识到，如果没有之前的失败和痛苦，就不会有后来的幸福和快乐。”事实的确如此，失败的教训、苦难的环境可以摧毁一个人的信心，也可以磨砺一个人的意志，只有具备积极进取、永不言败的心态，才能越挫越勇，实现我们的远大目标。

强烈的自信是渡过难关、迎来曙光的基本技能。居里夫人曾说过：

“生活对于任何一个男女都非易事，我们必须要有坚忍不拔的精神；最要紧的，是我们自己要有信心。我们必须相信，我们对一件事情具有天赋的才能，并且，无论付出任何代价，都要把这件事情完成。当事情结束的时候，你要能够问心无愧地说：‘我已经尽我所能了。’”

古往今来，有多少英雄豪杰正是凭着超人的自信心，创造了伟大的业绩，改变了人类的历史。自信并不是只有这些人才具备的，只要你也有一份自信，你也能创造出像他们一样的业绩，也能成为一个成功的人。

相信你能，你就无所不能

拥有强大的自信，相信自己的能力，你才能掌握自己的命运，就像月亮不管圆缺，都发出照亮夜空的美丽月光。生命也是如此，不管我们以什么样的相貌出现，都不必自卑，不必为自己的缺陷自怨自怜，唯一需要的，就是相信自己。

自信就是自己信得过自己，自己看得起自己。别人看得起自己，不如自己看得起自己。爱默生说：“自信是成功的第一秘诀”、“自信是英雄主义的本质”。人们常常把自信比作发挥主观能动性的闸门，启动聪明才智的马达，这是很有道理的。确立自信心，就要正确地评价自己，发现自己的长处，肯定自己的能力。

永远不要自暴自弃，因为没有人会在意你的缺陷。离群索居、顾影自怜的人，并不是被别人踢出局，多半都是自己放弃自己。支撑人们前行的强大动力，其实并不是外在的因素，譬如活力与自信，都在你我的身上，因此我们没有必要自卑，只要你相信你能，你就一定无所不能。

研究人员曾经做过一个实验，他们在一所著名的大学中选了一些运动员，要求这群运动员做一些别人无法做到的运动，并且告诉他们，作为国内最好的运动员，他们一定能够成功。

运动员被分为两组，第一组到了体育馆后，虽然尽力去做，但是无法完成任务。第二组到体育馆后，研究人员告诉他们第一组失败了，同时给他们发放了一些药物，并对运动员说，这是一种新药，会使他们达到惊人的高水准。结果第二组运动员很容易地完成那些困难的练习。而那些所谓的新药，不过是用面粉制成的而已。

这就是自信的力量，因为相信自己能，就能够完成一些平时做不到的事。

回想我们自己的经历，当你设立了人生目标，也描绘出行动蓝图的同时，你心中是否已建立起“好！要开始冲啦”的强烈自信呢?

不过更多时候，尽管目标已经被设定好，计划蓝图也已制定完毕，你的内心是否还或多或少仍然存有相当的疑问，担心这一切是否真的能按照理想如期进行呢？因此，你应当认识到，一个人如果没有信心与决心，即使计划再完美，考虑再周详也只是纸上谈兵，收不到丝毫实效。

对于大多数人而言，通往成功的道路上最重要的因素不是头脑够不够敏锐、教育程度高不高，更不是有没有过人的才能，而是当我们想要完成一个既定目标时，树立起强烈的自信心，而不是突然惊惧地感到自己“无法实现”。

“我做得到”，这是一句具有魔力的话，可以使你信心十足，从而极大提升你的行动力。不论在任何情况下，你都应该尽量试着让自己说出这句话，你的目标才有可能完满达成。

那些功成名就、创出大事业的人，其坚忍、百折不回的品质往往受到人们的赞美与艳羡，而大多尚在考虑自己是否办得到时，就已在心中大声呐喊“我办得到”这句充满自信的话。往往也由于这声呐喊，他们终将“不可能”化为“可能”。

那么，怎样才能培养出这种相信自己能行的自信呢？

首先，要学会欣赏自己，将自己的优点、长处、成绩、满意的事情统统摆出来，在内心“炫耀”一番，反复刺激和暗示自己“我可以”、“我能行”、“我真行”，就能逐步摆脱“事事不如人，处处难为己”的阴影困扰，就会感到生命有活力，生活有盼头，觉得太阳每天都是新的，从而保持奋发向上的劲头。“天生我才必有用”，自己给自己鼓掌，自己给自己加油，自己给自己戴朵花，自己给自己发锦旗，便能撞击出生命的火花，培养出像阿基米德“给我一个支点，我将撬起地球”的那种豪迈的自信来！

当然，俗话说人贵有自知之明，这个“明”，既表现为正视自己的短处，也表现为如实分析自己的长处。如果只看到自己的短处，似乎是谦虚，实际上是自卑心理在作怪。客观地估价自己，在认识缺点和短处的基础上，找出长处和优势，并以己之长比人之短，就能激发出强烈的自信心。

自信，不是孤芳自赏、夜郎自大，更不是毫无根据的自以为是、盲目乐观；而是激励自己奋发进取的一种心理素质，代表高昂的斗志、充沛的干劲、迎接生活挑战的乐观情绪，是战胜自己、告别自卑、摆脱烦恼的一剂灵丹妙药。

自信，不意味着轻易就能获得成功，而是说战略上要藐视困难，战术上要重视困难，脚踏实地、锲而不舍地奋斗拼搏，扎扎实实地做好每一件事，战胜每一个困难，从一次次胜利和成功的喜悦中肯定自己，不断地突破自卑的羁绊，成就事业的辉煌。

别怕自己不行

有这样一个小女孩，长得又矮又瘦，永远穿着一件又灰又旧又不合身的衣服，被老师排除在合唱团外。

小女孩很伤心，躲在公园里低声哭泣。她想，我为什么不能去唱歌呢？难道我真的唱得很难听吗？想着想着，小女孩就低声地唱了起来，她唱了一支又一支，直到唱累了为止。

“唱得真好！”说话的是个满头白发的老人，“谢谢你，小姑娘，这真是一个令人愉悦的下午。”说完，老人就离开了。

第二天，那老人还坐在原来的长椅上，满脸慈祥地看着小女孩微笑，聚精会神地听着她唱歌，一副陶醉其中的表情。最后他大声喝彩，说：“谢谢你，小姑娘，你唱得太棒了！”

许多年过去了，小女孩成了大女孩，长得美丽窈窕，成为一位知名的歌手。她忘不了公园靠椅上那位慈祥的老人。于是她特意回公园找老人，但那儿只有一张小小的孤独的靠椅。老人早已经去世了。

“他是个聋子，都聋了20年了。”一个知情人告诉她。

这个故事告诉我们，每一次鼓励都是一次机遇，无论孩子还是成年人，适当的鼓励就如植物需要浇水一样，能够使人不断成长，不断进步。

医生医治病人，虽然每次必定全力以赴，但是还要病人的积极配合，如果病人自己彻底失去了生存的欲望，没有了生之留恋，即便再高明的医生也未必能将他的病治好。

因而，遇事沉着、冷静、善于思考，积极寻求解决办法，终究会得到一个好结果。有时候事情不遂人愿，偶尔有悲观念头产生，的确可以舒缓一下疲惫的心情。但是，若是持续地对于未来感到悲观，对于身心便很有可能造成严重的影响。此外，这往往也是抑郁症状之一，或是早就对平淡的生活感到十分烦躁。因此，脑海里会不自觉地时时浮现出一些不好的念头，甚至期待它们发生，藉此来刺激一下自己。结果，每天就活在悲观与消极当中，自然也就永远都快乐不起来了。

因此你要尝试以积极乐观的态度来思考，别怕自己不行。人生的确充满许多的不圆满，消极悲观只会让事情更加棘手，因此，请以积极向上的态度来对待所有的事情，坦然面对不可知的未来，下一次悲观的念头再闪过脑海时，你应当马上生出一个比较积极乐观的念头，然后再冷静地权衡一下，也许，就会以比较客观的态度来待人处事，而不会再那么悲观了。

因为人生充满着太多的不确定性，因此，如何减少这些不确定性，就成为每个人人生之路能否顺利平坦的重要关键。虽然可能没有办法决定所有事情的进行与结局，但是，你却绝对可以将自己的情绪指向一个比较正面乐观的方向，来看待所有人事的变化，即然如此，为什么不去试一试呢?

那时也许你就会发现，以乐观积极的心情来看待每个事物，与以消极悲观的心态所看待的事情结果完全不同!

把“自卑”扔得越远越好

构成自卑感的因素很多，有时是由于成长时期遭遇到的情感经历，有时可能是来自某种固定情境的影响，当然也不乏基于自己本身的问题或外在的某种力量所致。但不论什么原因，自卑感往往躲藏在我们人格的深处，而且多半是笼罩在迷蒙的过去记忆中。

举例而言，如果你有一个近乎天才型的哥哥，他在学校的成绩均是优秀，但是你的成绩却总是最差劲的。此时的你极有可能仅仅只因这单纯的理由，便觉得自己这辈子即使再怎么努力也不可能赶上他的一半。于是无形中画地为牢，认定自己将永远以差劲的表现过一辈子。因此，对于即使在学校成绩并不见得优异，但却也能在日后发展相当成功的可能性，也被完全忽略了。

事实上，这些在学生时期获得好成绩的人，并不代表日后将能成为大人物，或者必须拥有卓越的成就，追究原因，由于这些人在迈出校园后，便停止继续追求优异成绩的可能性相当高，因此优异的表现与进步便告暂停；相反那些在校成绩平平的人，在后来为了想在社会上获得出色的表现，于是不懈努力，因而成为佼佼者的成功例子，可谓比比皆是。

一位女士从小就长得很胖，肥胖成了她的一块“心病”，使她感到生活很不快乐。她不敢去参加同学的聚会，只要有可能，她都远远躲开他们，她的潜意识告诉她，自己是很讨厌很不受人欢迎的人。随着年龄的增长，她变得越来越神经质、越来越自卑、越来越伤感、越来越觉得自己活着没有意思，甚至有几次想自杀。

但一个偶然的机会，改变了她的整个生活。一天，她去看望自己的外婆，外婆谈到自己如何把孩子抚养长大时说：“不管发生了什么事，我始终认定他们将成为他们自己。”这话提醒了她，刹那间，她觉得自己之所以有如此多的伤感，就是因为自己非要把自己塞进一个不适合自己的模式中去。

她警醒了！她开始成为她自己。她研究自己的个性，研究自己的长处，以适合自己的方式去打扮自己，还出去交朋友，努力学习。现在，她已大学毕业，建立了幸福的家庭，她非常快乐。她时时不忘告诫别人：不管情况怎样，你都要成为你自己。

自卑的人内心缺乏安全感——他们总是特别“善于”发现自己的缺

陷、短处和生活中不利于自己的方面，然后把它们放到放大镜下去看，结果是吓坏了自己——既然自己是如此糟糕，怎么能去和别人比，和别人竞争呢？自卑者面对生活缺乏勇气，总觉得矮人一头，不能与强大的外力抗衡，致使自己在痛苦的陷阱中挣扎。

现实生活中这样的人并不少，他们诉说自身的某种缺陷或短处。这些缺陷或短处几乎无所不包：类似肥胖、矮小、皮肤黑、眼睛小、头发黄，统统都是自卑的理由。彻底去除这种心态的最大秘诀就是让坚定的信仰充满你的内心，这种做法虽然听来并没有什么惊人之处，但是它的确能使你产生健全而具体的自信力量。

杰克曾经也是个自卑的人。但自从他开始从事心理咨询这份工作以来，他变得越来越自信了，这一点可以从参加会议时他坐的位置来证实——过去，他总是坐在旮旯，即便对某些问题有看法也不轻易发言。而现在他经常坐在领导前面，即使面对会议主持人也敢发表不同看法。这种变化，当然是得益于心理咨询，在为别人排解心理困扰的同时，杰克获得了观察、了解、认识人的许多新角度和方法，从而也更深刻地了解了自己和周围的人。

有人说，自信的人才可爱，此话颇有道理。一个自信的男人，会使女人获得安全感；一个自信的女人，会使男人感到温暖安详；而自卑的人，不由自主地会在别人面前，甚至是自己喜欢的人面前显出一种不自在，他总在担心别人会怎么看自己。这种不自在会微妙地影响人与人的关系，使双方经常“误读”对方的信息，造成隔膜与冲突；而自信的人，与人交往时坦诚自然，能更多地流露出自己的本色，能更有效地与人沟通和交流，也就更容易建立起健康的人际关系，为自己赢得友谊和爱情。

做最好的自己

没有人愿意成为生活的失意者，按照别人指定的轨道生存。每个人只有这一次生命，你必须勇敢地选择自己的生活，成为最好的自己。时刻要提醒自己，你可以主宰自己的命运，唤醒心中沉睡的巨人，去实现你理想的人生。

人的一生要面临许多歧路，经历太多的选择，不同的选择或是通往成功或是面临失败。决定自己的态度，选择自己的方向，可以为我们带来成功与内心的平静，也同样可能遭致失败及可悲的诅咒。

积极的人生态度是一项决定性的因素，是你最应当珍视的。饱满的自信和坚定不移的态度，是得到美好结果的前提。不论你想要推销任何东西——商品、个人的服务或任何一种理念，都必须以态度作包装。成功的业务员在与客户洽谈、争取订单之前，先想象成交的情景，建立积极的态度。他们深知必须先肯定自己，才可能得到客户的肯定。

你在这个世界上是独一无二的，应该为这一点而庆幸，应该尽量利用大自然所赋予你的一切。归根结底说起来，成就都与本人的实际潜能有关。你只能唱你自己的歌，你只能画你自己的画，你只能做一个由你的经验、你的环境和你的家庭所造就的你。不论好坏，你都得自己创造自己的小花园；不论好坏，你都得在生命的交响乐中，演奏你自己的小乐器。

就像爱默生所说的："在每一个人的教育过程之中，他一定会在某时期发现，羡慕就是无知，模仿就是自杀。不论好坏，他必须保持本色。虽然广大的宇宙之间充满了好的东西，可是除非他耕作那一块给他耕作的土地，否则他绝得不到好的收成。他所有的能力是自然界的一种新能力，除了他之外，没有人知道他能做出什么和知道些什么，而这都是他必须去尝试求取的。”

我们很难认识到，阻挡着我们自己的成长与幸福之路的人，往往正是“我们自己”。我们很难真正明白，我们自己正无意识地阻挠着自己或者我们最关心的人取得成功。我们之所以不知不觉地起这种阻挠作用，就是因为我们早期接受的熏陶已经在感情上使我们受到了蒙蔽。

遇到挫折，千万不要怨天尤人，更不要幻想重新一切可以从头再来。不管你早期在感情方面受的是什么样的熏陶，你现在一样能够改变你的生活及为人处事的方法。尝试着把问题解决得比较圆满，你能够从失败中找到较有效的方式，成为一个成功的人。

我希望能够帮助你从生活中得到最丰硕的成果，能够自主地生活，能够学会以你希望的方式去思考和行动。不管你希望在什么地方工作，在你自身中已具有一种过美好生活的能力。你为了取得成功而付出的努力和体验到的欢乐，将是对你度过宝贵岁月的报偿。

我们要做自己生活的主角，而不要让自己成为生活的观众。生命当自主，一个永远受制于人，被人或物“奴役”的人，决享受不到创造之果的甘甜。人的发现和创造，需要一种坦然的、平静的、自由自在的心理状态。自主是创新的激素、催化剂。人生的悲哀，莫过于别人在替自己选择，成为别人操纵的机器，而失去自我。

我们要做自己命运的主宰。心理学家布伯曾用一则犹太牧师的故事阐述一个观点：凡失败者，皆不知自己为何；凡成功者，皆能非常清晰地认识他自己。失败者是一个无法确定地对情境作出反应的人。

而成功者，在人们眼中，必是一个确定可靠、值得信任、敏锐而实在的人。

你应该掌握前进的方向，把握住目标，让目标似灯塔在高远处闪光；你得独立思考，独抒已见。你得有自已的主见，懂得自已解决自已的问题。你不应相信有什么救世主，不该信奉什么神仙和皇帝，你的品格，你的作为就是你自已的产物。

你的一切成功，完全决定于你自己。

第三辑

只要知道去哪儿，全世界都会为你让路

斯塔尔说：“一个人只要知道上哪儿去，全世界都会给他让路。”找到明确的目标，按照自己的路径去行动，成功自然会悄然降临。最重要的是相信自己，把奋斗当做终生信仰。

明确的目标是成功第一推动力

现实生活中，很少有人真正知道自己要去哪儿，更多的人是一些朦朦胧胧的期盼。当我们的事业一帆风顺的时候，突然到来的失败令我们束手无措；当我们屡战屡败的时候，偶然的一次成功又让我们兴奋得不知所措。很多时候，我们就是这样的矛盾和幼稚，于是我们的情绪随着经历的事情起起落落。

如果“知道自己去哪儿”，我们才会有决心、有热情做好眼下的事情，也才能达到“衣带渐宽终不悔，为伊消得人憔悴”的境界。一个人力量的所有源泉来自于自己想要什么，就如饿了想吃饱、冷了想烤火、知识匮乏了想读书一样。总之，知道自己去哪儿是自己所有行动的指南，也是一个人成就事业的根本保障。

其实，大多数成功人士有着跟我们类似的经历，不同的是他们在经历了无数次波澜起伏后，更加明确了自己前行的方向，而我们却在起伏中让本就不清晰的方向感更加模糊，以致完全迷失了方向。

没有目标的人生，如同在大海中没有罗盘的航船，找不到灯塔的指引，只能随着海浪随波逐流。所以那些成功者，首先都先设立明确的目标。目标就像前方鲜明的旗帜，指引着你进行合理的人生规划，把握前进的方向；目标激励人勇敢面对困难，即使遇到重重险阻也永不气馁；目标推动人永远保持旺盛的活力，支撑着他为将理想化为现实而付出巨大的努力。

从每一个有目标有追求的人身上，我们都可以感受到一股巨大的、无形的力量，将自身与事业有机地融合在一起。因此，只要你选准了目标，选对了适合自己的道路，并不顾一切地走下去，最终必将能走向成功。确立了目标并坚定地“咬住”目标的人，才是最有力量的人。目标，是一切行动的前提。事业有成，是目标的赠予。确立了有价值的目标，才能较好地分配好自己的时间和精力，较准确地寻觅突破口，找到聚光的“焦点”，专心致志地向既定方向猛打猛冲。那些目标如一的人，能抛除一切杂念，会聚积起自己的所有力量，成为工作狂，全力以赴向目标的高地挺进。

著名女音乐家艾伦，在谈起音乐作为她的目标时是那样一往情深：“音乐与我的心结合在一起，它是从我的心里流出来的，是我的肺腑之言……当我把音乐作好，我就得到了最大的满足。这是我生活的目标，也是我从事指挥的意义所在……我热爱音乐，太热爱了！没有任何其他的事情可以超过它，也没有任何其他的事情能够让我这样投入。哪怕我走得再艰辛，我也不会放弃。”

由此我们可以看出，目标能够唤醒人的活力，调动人的积极性，塑造人坚忍不拔的性格，目标拥有的巨大魔力，对人的吸引是难以估量的。拥有明确目标的人，经历的是充实有趣的生活，而不是无聊地消磨自己的时间。

目标能使人不沉湎于现状，激励人不断进取，能引导人不断开发自身的潜能，去摘取成功之冠。设定明确的目标，是所有成就的出发点。百分之九十八的人之所以失败，原因就在于他们从来都没有设定自己明确的目标。

选择目标要避免犯两种错误，一种是不切实际的幻想，一种是画地为牢，不敢去想。

人生目标的实现需要结合自身的实际情况作出清醒的选择，不切实际的幻想看起来总是令人着迷和令人振奋的，但如果穷尽一生之岁月来追求一个不可能的梦想则无异于水中捞月，白白浪费自己宝贵的生命。所以在确立目标时应当脚踏实地，根据客观选择最可能实现的梦想。但是既然我们把目标称作梦想，所以我们也不要把自己禁锢在有限的圈子里，犯画地为牢的错误。就像历史上最伟大的成就在开始时，人们总是给出这样的评论：“这是绝对做不成的。”

一位名叫莱特的主教，有一次跟他的朋友一起吃晚饭，席间，主教认为耶稣很快会再度降临，原因是一切事情的本质都已被发现出来，而所有可能的发明都已经发明出来。他的朋友不同意，他认为在未来50年中会有许多意想不到的发明，人类会飞上天去。

“胡说八道！”莱特主教说：“只有天使可以飞”。

这位主教有两个儿子，这时也许你已经猜出，他们就是日后有名的莱特兄弟，是他们将其父亲所认为的不可能变成了现实。

所以，在行动之前，你应该先弄清自己的目标、自己的方向。确立了明确的目标之后，我们就不会在没有到达要去的地方之前停下脚步，我们就会在遇到困难时，充分调动我们的思维，抓住时机，创造出一切条件；选择了正确的方向之后，我们就不会迷茫，就不用再去思考自己到底要去哪里，就不会像钓鱼的猫咪那样，蜻蜓来了要捉蜻蜓，蝴蝶来了要捉蝴蝶。

每个人都是自己思想的结果

每个人的行为都是自己思想的反映。正如哲学家奥里欧斯所说：“我们的生活是由我们的思想造成的。”作为会思考的智能生物，人的想法无时无刻不在受到外界的影响，这就决定了我们人生面临着众多的选择。

现代心理学认为，人的命运是由5%的潜意识决定的。乐观向上、积极的自我暗示可以造就出能面对任何困难与挫折的性格，只要有足够的自尊，你就可以有足够的信心、希望和勇气去应付生活中的各种局面。

不过，人类的思考有一个致命的弱点，往往容易朝向否定的方面，对自己肯定得不多，所以肯定思考的价值非常重要。如果经常抱着否定想法，必然无法期望理想人生的降临。虽然口头上不承认，但是事实上在潜意识里已经受到不良的影响。

塞缪尔·斯迈尔斯认为，要使成功的金科玉律成为自己的法则，必须养成肯定事物的习惯。如果不能做到这点，即使潜在意识能产生更好的作用，终仍无法实现愿望。一个总感觉自己低人一等的人，尽管他实际上可能是有能力的，但他的所作所为确实会打折扣，因为思想主宰行动。如果一个人自我感觉低下，他的行动也会反应出来，没有任何外衣伪装能够把这种感觉长期遮盖。一个觉得自己无足轻重的人，他确实是无足轻重的。

有些人经常这样否定自己："凡事我都做不好"、"人生毫无意义可言，整个世界只是黑暗"、"过去屡屡失败，这次也必然失败"、"没有人肯和我结婚"、"我是个不擅交际的人"……持这些想法的人，生活往往并不快乐。当我们向他问及此种想法由何产生时，得到的回答多半是："这是认清事实的结果。"尤其对于罹患忧郁症者而言，他们也会异口同声地说："我想那是出于不安与忧虑吧！我也拿自己没办法。"然而，只要换一个角度去想，现实并不如你所想像的那么糟，例如有些人会想："我虽然一无是处，但也过得自得其乐，不是吗？"肯定自我，有了乐观而积极的想法，你人生才会找到新的方向和意义。

诸如失恋、失业之类的残酷事实，有时会无可避免地发生在我们自己身上，然而千万不要因此绝望地否定自己，从此一蹶不振。对一切事物的想法均在个人的一念之间，因此，肯定思考极为重要。此语并不涉及任何意念智慧的高低，而全赖思考的层面而定，亦即对于事物所思考的结果。尤其当人处于绝望状态时，更应肯定思考，想想看，如果能在人生遭遇悲惨的时刻告诉自己："与其呼天唤地，不如改以积极的态度来面对吧！"这是何等有力的救赎！

总之，任何事物都有两面，至于我们所知所欲的境地，其实都是基于自己将意愿刻印在潜意识中的结果之故。如果对此一味悲哀，或无所适从，不但无法改变目前状况，并且很难达到充实、幸福的理想。所以说，即使身处绝境，仍应保持肯定的思考态度，是非常重要的。

在某一个时期，我也有过被忧虑困扰的经历，那简直是令人发疯和不堪回首的。我忧虑会得心脏病、颈椎病等疾病；我忧虑能不能找到一份稳定的工作；我忧虑孩子的学习怎么搞上去；我甚至忧虑，煤气是不是关了，电是不是关了。即使是在做一件事的过程中，我的神经也是处于极度的紧张中……我一度处于崩溃的边缘，痛苦不堪，甚至想躲开所有的人。

后来我读到一本书，内容讲的恰恰是如何培养快乐的心理。我就告诉自己，就是它，他是来拯救我的思想的。生活的快乐与否，完全决定于个人对人、事、物的看法如何，因为生活是由思想造成的。不错，如果我们想的都是快乐的念头，我们就能快乐；如果我们想的都是悲伤的事情，我们就会悲伤；如果我们沉浸在自怜中，大家都会有意的躲开我们。

在你感到不快乐的时候，你唯一能找到快乐的方法就是打起精神来，使行动和言词好像已经感到快乐的样子。告诫你自己：我要爱护我的身体，我要多加运动，善自照顾，善自珍惜；我要加强我的思想，决不做一个胡思乱想的人；今天，我要为别人做一件好事；我要做个讨人喜欢的人，对任何事都不挑毛病，也不干涉或教训别人；要试着只考虑怎么度过今天，而不把我一生的问题都在一次解决；我要定下一个计划，避免做事过分仓促或犹豫不决；我要心中毫无惧怕，不要怕快乐，要去欣赏美的一切，去爱。

朋友，立即行动起来吧，积极思考，勇敢行动，你的人生就会出现很大的改观。而这一切都是正向思维带来的快乐、进步！

最大的竞争对手是自己

你有没有想过，现在影响你作出正确选择的种种下意识的行为，根源到底在哪里，自己为什么会变成现在这个样子？研究显示，我们之所以会变成现在这个样子，很大程度上与孩提时代所受的影响有关。在我们生命中经常伴随的恐怖、压抑及紧张，大半都是幼年时期便已深植在内心里。

许多人一辈子缺乏安全感，这种毛病往往并不是长大之后才有的，绝大部分在幼儿时期，那种躲在人后的意识便已深植心底了，这造成了以后畏缩的个性。

举个常见的例子，家长在来访的客人面前，总是希望炫耀自己的儿女一番。于是对自己的孩子以半命令式的口吻说："来，唱个歌给叔叔听听！"个性害羞的孩子瞬间就变得踌躇犹豫，而家长对于受伤的孩子却丝毫没有察觉，反而责备说："唉！你怎么变得这么胆小了呢？"接着，又转过头很抱歉地对客人解释："唉！这孩子就是这样，平常一个人的时候，话可真多，在陌生面前就变成哑巴了！"

家长们有意无意间的对话往往会在孩子幼小的心灵种下"自己是胆小鬼"等不健康的想法。这种想法会始终伴随着他一起长大，尽管有时他想在旁人面前表现得大方自在一点，但由于胆小意识的作祟，使得他永远表现不出孩子特有的天真活泼气质。

一个人若老是将自己"胆小鬼"的毛病挂在嘴边或放在心上，可能造成一生畏惧"胆小"而放弃许多享受欢乐的机会。一直被人责骂"笨、无能"而从未被褒奖赞美过的孩子，长大以后就变成了一个极度缺乏自信心的人。

所以你的努力，你的奋斗，更大程度上是与你的记忆作战，在与你自己的内心抗争。正确地认识你的价值，你认为你的身价有多少，你就有多少。或许你没有在起跑线上领先，那也绝不能再输在途中。

非洲草原上的羚羊清晨从梦中醒来，它的比赛就已经开始，对手仍然是跑得更快的狮子，想要活命，就必须在赛跑中获胜。狮子也一样，假如它跑不过最慢的羚羊，也将面临饥饿与死亡。

这就是大自然奇妙的地方，强有力的狮子，弱小的羚羊，在广阔的大草原上，在求生欲望的压力下却是平等的。不难发现，在动物世界里，它真正的对手是自己。要逃避死亡的追逐，远离饥饿的煎熬，首先就要战胜自己。

对人来说也是一样的道理，许多时候我们不是被别人击垮，而是被自己打败。纵观整个人类的发展史，每个人的失败都是不值得一提。重要的是你曾经放手一搏。历史上那些古今中外的成功人士，留给我们的不仅是他们的辉煌，更重要得是我们应该学习他们曾经为战胜困难，不断尝试的勇气。

成功者需要有足够的勇气来面对恐惧和困难。任何事业上的成就都不是轻易就可以取得的。一个人想要在工作中出类拔萃，就必须面对各种各样的艰难险阻，必须正视事业上的挫折和失败。只有那些有勇气正视现实，有勇气迎接挑战的人才能真正实现超越自我的目标，达到卓越的境界。

在面对困难、迎接挑战的过程中，大家可以感受到积极、向上的精神，并由此养成勇于面对、不畏挑战的好习惯。这个习惯不仅是在碰到大的难题时形成的，也是在每天处理小问题的过程中积累出来的。只有不怕困难，不畏挫折，敢于挑战，勇往直前的人，才能到达希望的顶峰。

超越自己首先要有勇气，有勇气就能藐视困难，战胜恐惧，发挥潜能，创造成功。成功者与失败者一个明显的区别，那就是成功者充满自信，相信天下没有比人更高的山，没有比脚更长的路，没有到达不了的地方；而失败者过于恐惧，认为自己脑子没有别人灵，力气没有别人大，什么事也做不好。他们只是一味地自我蔑视，自我贬损，最终束缚了思想，吓破了胆子，什么事也不敢做，当然也就无法获得成功。

不论将来你想要成为什么样的人物，身价有多高，只须改变一下有关自身的思考方法，将作为一个成功人士所需的素质及自信灌输进你的脑海里，并不断地鞭策自己，相信梦想必有实现之日，且为时不远——那么成功也必将属于你。

起点不重要，朝哪个方向走才重要

有人曾经作过一个巧妙比喻，他把人比喻成一条航行在海洋中的小船。其中大约95%的船没有船舵，面对风浪海潮的起伏变化，只能束手无策地听其摆布，漫无目的的漂流。另外约5%左右的人，有方向、有目标，具备熟练的航海技巧。这些船从此岸到彼岸，从此港到彼港，有计划地行进。他们像现实中的船长一样，既熟知下一个停泊或通过的港口，也深知航船的目的地。即使航行的目的地暂不明确（譬如探险航行），也能清楚地知道目标的特性、目的地上应有什么和现在航行在什么水域。如果出现狂风巨浪，或者其他意想不到的天灾人祸，他们也不会慌张，因为他们知道，只要把应做的和能做的都做到，那么抵达目的地就是早晚的事。

人生需要理想，首先需要选择自己的方向，没有理想、没有方向的人，只能使自己每天过着粗糙的生活。理想不但使我们的行动有依据，人生有意义，还能激励我们的斗志，开发我们的潜能。因此，在人生的前方设定一个目标，并且不仅把它当作是一个梦想，同时也把它当作是一个约束，就像跳高，只有设定一个高度，才能跳出好成绩来。

纵观那些成功的人，往往从起步时就有了生活目标。包括应该成为一个什么样的人，将誓死捍卫的是什么。通过对这些问题的思考与实践，他们一步步完成自己的目标，实现自己的理想。其秘诀就在于明确规定目标，将它写成文字妥为保存。至少要在前一天傍晚或晚间制定出来，还要为第二天应该做到的事情排出先后顺序，至少要写出六个以上的具体内容。第二天清晨醒来，他们就按着事情的顺序，一一去身体力行。每天结束时，他们再次确认这张目标表，完成的项目用笔划去，新的项目追加上去，一天内尚未完成的，顺推到下一天去。

谚语说："有一天好好思考，胜过一周的蛮干徒劳。"要想成为一个有所作为的人，就别忘记牢牢地把稳你的船舵，一天有一天的目标，即刻行动起来！对确立的目标，坚定不移地执行到底，就会使你一天天向人生的理想迈进。有这样一个非常有意思的故事：

有个年轻人到山里砍树，工资是根据每棵砍下的树来计算的。年轻人认为自己年轻力壮，其他砍树的工人都是老头子，自己一定会是收获最多的。于是他拚命干活，时间到了，老工人邀他喝咖啡，他拒绝了，继续砍树。没想到，一天下来，别人砍的树都比他多。他心有不甘，隔日更早上山砍树，更迟下山。结果他砍的数量还是比不上别人！

年轻人百思不得其解，只好去问老工人，真是奇怪，我比你们年轻、力气比你们大、工作的时间也比你们长，为什么我砍的树会比你们少？老工人回答，年轻人，你没有注意到，当我们在喝咖啡时，我们也在磨斧头。斧头钝了不磨，再拚命也不能砍到更多的树！

无论是在生活还是在工作中，有的人从来没有一个长远的计划和明确的目标，这使他们被永远地拒绝在成功大门之外。无数经验告诉我们，一个人只有先有目标，才有成功的希望，才有前进的方向。同样的道理，一个人若是没有明确的目标，以及达成这项明确目标的明确计划，不管他如何努力工作，都像是一艘失去方向的轮船，永远也到不了成功的彼岸。一个人光凭辛勤的工作和一颗善良的心，不足以获得成功，因为，如果在他心中并没有确定自己所希望的明确目标，那么，他又怎能知道怎样才能获得成功呢？

很多时候，在一个人选好工作上的一项明确目标之前，他会把他的精力和思想浪费在很多项目上，这不但使他无法获得任何能力，反而使他变得优柔寡断和胆小怯弱。但是，如果当他把所有能力组合起来，向着生命中一项明确目标前进时，那么他就充分利用了合作或凝聚的方法，从而产生巨大的力量。

要记住：目标是对于所期望成就的事业的真正决心，它比幻想好得多，因为它可以实现。一个人过去或现在的情况并不重要，将来想要获得什么成就才最重要。必须选好前进的方向，否则就注定要失败。

培养强大的自制力

一个人最大的敌人不是别人，而是他自己。不能控制自己的人很容易受别人的影响，明明知道自己的不对，却不能下决心改正，对自己的情绪状态很难进行调节，他们表现得任性、怯懦，不能约束自己的行动，而在行动时又畏缩不前，惊慌失措，最后被别人控制。

比如，企业管理者在生意冷清、存货积压严重、员工不信任、债权人纷纷上门催款的情况下，涵养受到最大的考验。这时若稍有不快就大发雷霆，会给员工们留下抹不掉的坏印象。如果他能控制住自己，在危难情况下仍然能够做到不抱怨、不发脾气，和善仁慈，就能真正受到员工们的爱戴，最终带领大家一起共渡难关。

这种控制自己的能力就是我们说的自制力，是指能够完全自觉的、有意识的控制自己的情绪，支配自己行动的能力，是意志的重要品质，是情商的重要要素。

一般来说，自制力体现在两个方面：一是善于迫使自己执行定下的决定；二是善于抑制与自己的目的相违背的愿望和行动。比如，你今天计划早起去跑步，是否能离开温暖的小窝义无反顾地下床呢？您曾决心不打车攒钱买房，能否坚持每天在寒夜冷风中等公车呢？您计划每天要背一定数量的单词，会否因为打球或打游戏而把任务拖到明天呢？这些都是在考验你的自制力：你是否迫使自己做正确的决定，能否抑制无益的欲望和行为。

通常，自制力的构成是一个矛盾体，矛盾的一方是感情，另一方是理智。如果任凭感情支配自己的行动，那便使自己成为了感情的奴隶，是缺乏自制力的表现。人应该有让理智战胜感情，控制自己命运的能力。在理智与情感的交锋中，自制力能够帮助你的理智取得胜利。

十四世纪，有个名叫罗纳德三世的贵族，是祖传封地的正统公爵，他弟弟反对他，把他推翻了。弟弟需要摆脱这位公爵，但又不想杀死他，便想了个办法。罗纳德三世被关进牢房后，弟弟命人把牢房的门改得比以前窄一些。罗纳德三世身高体胖，胖得出不了牢门。弟弟许诺，只要罗纳德能减肥并自己走出牢门，不仅能获得自由，连爵位也能恢复。可惜罗纳德不是那种有自制力的人，他无法抵挡弟弟每天派人送来的美食诱惑，结果不但没有减肥，反而更胖了。

一个没有自制力的人，就像被关在铁栅栏中的罗纳德三世，永远不可能成功走出人生的牢笼。而那些优秀的人勇于接受精神和肉体上的磨练；他们愿意接受超出自己想像的任务并全身心投入其中完成它；他们经常让大脑保持活跃，考虑一些有挑战性的问题，不断地思索需要认真对待的事情以期训练自己的自制力。而这种自制力决定了人们在关键时候的所作所为。托马斯·赫克斯利说："教育最有价值的成果，就是培养了自制力，不管是否喜欢，只要需要就去做。"

一个人可能在缺乏教育和背景的条件下成功，但绝不可能在没有自制力的情况下成功！

那么，怎样提高自制力呢？

首先，要提高个人修养和文化素质。要提高自制力最根本的方法是树立正确的人生观、世界观，保持乐观向上的健康情绪。而且，一个人的文化素养同其承受能力和自控能力成正比。文化素质比较高的人往往能够比较全面正确认识事物，认识自我和他人的关系，自觉地进行自我控制、自我完善。

其次，稳定情绪。把将要引发冲动的情绪宣泄和释放出来，保持情绪稳定，避免冲动。遇事要沉着冷静，自己开动脑筋，排除外界干扰或暗示，学会自主决断。要彻底摆脱那种依赖别人的心理，克服自卑，培养自信心和独立性。

最后，要加强学习，强化意志力量。用知识来武装和充实自己，提高自己分析问题和解决问题的水平，并通过学习别人的经验来扩展自己决断事情的能力；另一方面，要培养自己性格中意志独立性的良好品质。对自己奋斗的目标要有高度的自觉。只要你经过自己实践认准的事，就应义无反顾地走下去，想方设法达到预期目的。不必追求任何事情都做得十全十美，不必苛求自己没有一点失败，不必过多地注意别人怎样议论你。

增强自制力不需要郑重其事地制定计划，而是从小处着手，随时随地把看似平常的小毛病改掉，即可获得出人意料的效果。

某位聪明而又不拘小节的业务员的办公桌经常杂乱无章，因而浪费很多时间在找寻文具、资料上面。当他意识到这是一件不值得的浪费后，立刻对自己立下“经常保持桌面整齐”的规范。果然不久，他的业绩急剧上升，而且还增强了自我支配的能力，这些全归功于一个小小简单的约束。

那么，从现在开始，你可以每天将自己所学到、所体验到的新事物做成笔记，并约束自己确实遵守。每天坚持做点儿自己原本不太喜欢的事情，最终会让你获得自律、毅力以及信守承诺，增强成功路上必不可少的自制力。

牢记一万小时的成功准则

凡是成大事的人，都会格外珍惜时间并且善于利用时间。他们不断地掌握时间，就好像经验老到的扑克牌高手一样，他们会小心地把赌金分成一堆堆铜板和纸币。成功的时间管理者也会运用同样的分类方法，小心翼翼地运用自己的时间。

达尔文从剑桥大学毕业后，还是个无名小辈，接着他参加了环球考察。他在“贝格尔”号轮船上，珍惜每一天时间，进行了大量的考察，搜集了足够研究50年的标本。在别人闲聊时，他坚持写航海日记，还与国内的科学界朋友保持书信联系，其中不少信件很快就被作为学术论文发表。5年之后当他再次踏上国土时，却惊讶地发现自己已经成了一位海洋生物学专家。有人问他何以能作出如此巨大的成绩，他回答说：“我从来不认为半小时是微不足道的、很短的一段时间。”

达尔之所以能够写出《物种起源》，震撼整个世界，从这里我们似乎找到了答案：半小时不是很短的一段时间。这是对成功多么精辟的注解！没错，所有伟大的人之所以创造出伟大的事业，就是因为他们明白时间的重要性。

是的，时间在匆匆地流失，抓起来就像金子，抓不住就像流水，它与人生的发展和成功关系非常密切。一个人在时间面前如果是个弱者，他将永远是一个弱者，因为放弃时间的人，也就等于放弃了自己的生命。

说起来，谁都懂得“一寸光阴一寸金，寸金难买寸光阴。”但是，一旦要你抓紧时间的时候，很多人总是有许多的借口来搪塞，时间就在这借口当中流逝了。人的生命是有限的，古往今来，只有那些善于利用时间的人，才能成就一番事业。在这个快速发展的社会中，很多人千方百计的节省时间，和时间赛跑。

当迈克尔·法拉第还是一个装订书本的学徒工时，他就把所有的闲暇时光都用来做实验了。有一次，他写信给朋友说：“时间是我所最需要的东西，要是我能够以一种便宜的价格，把那些整日无所事事的绅士们的每个小时，不，是每一天，给买过来该多好啊！”

哈丽特·斯托夫人是一位家庭主妇，然而任何一点闲暇时间她都用来构思和创作。由于她超常的毅力和对待时间分秒必争的态度，最终成为小说家，化平凡为辉煌，写出了家喻户晓的名著：《汤姆叔叔的小屋》。

音乐巨匠莫扎特同样惜时如金，一分一秒在他看来都贵如金玉。他经常废寝忘食地投身于音乐创作，有时甚至不间断地连续工作两个夜晚一个白天，可谓勤奋之极。他的惊世之作《安魂曲》就是弥留之际在病榻上完成的，那时他已经气息奄奄了。真可谓生命不息，创作不止。

因此你不仅要懂得爱惜时间，更要学会利用时间。经常让时间荒芜的人，根本没有能力解决现实问题，而造成这种时间观念淡薄的原因在于：目标不明确，缺少必备的实用知识，处理实际生活问题的相关经验和能力不足，缺乏好的生活习惯和思考习惯、工作习惯等等。一个人只要犯了这些毛病，生活不免发生困难，工作压力随之加大，日积月累，就会产生严重的挫折感，要想成大事是根本不可能的。

所以，你应该对时间精打细算，因为我们用时间换来的每一分收益都是成功的砝码。只有不断的增加自己的砝码，才有可能在未来的某一天，突然发现自己已经拥有了一座金山。相反，对时间不在意的人，永远只能是个失败者。

管理大师杜拉克说过："不能管理时间，便什么也不能管理。时间是世界上最短缺的资源，除非严加管理，否则会一事无成。"如何提高做事效率，是每个想要成功的人的必修课。另外，要想节约时间，提高工作效率，还应该不断探索工作中的乐趣，将枯燥乏味的工作变得津津有味，比如开展自我工作测评和竞赛，加快工作节奏，这样就可以加大工作量，提高效率。以成绩的喜悦来满足自己，你反而会觉得时间不够用了。

时间无价，因为虚掷一寸光阴就意味着丧失了一分获得成功的资本。因此，那些让时间白白流走的人是愚蠢的，他们永远不会到达成功的彼岸。如果你是这样一个人，那么赶快反思自己，调整自己，让自己回到正确的航向。

仔细想一想，你的工作是连续进行、毫无间断的吗？如果你的工作出现了间断，你是等待它继续进行下去，还是因此抱怨又无法按照你的计划进行了？你的工作因为什么原因常常产生间断？当你回答了上述问题时，你会发现，你的生活中有那么多的时间悄悄溜走了，你什么也没做。那么，你还在抱怨没有时间做你想做的事吗？其实，生活中有许多宝贵的时间空当，即使是在我们的日程表上也没有显现出来。这些时间空当数量多的令人难以置信，找出并利用它们，你就可以让自己的效率大大提高。

心中常存责任与使命

人作为一种社会性动物，不可能脱离群体独立存在，不能自己想做什么就做什么，想要什么就有什么。每个人都肩负着责任，对工作、对家庭、对亲人、对朋友，我们都有一定的责任，正因为存在这样或那样的责任，才能对自己的行为有所约束。

负责任、尽义务是成熟的标志。我们努力教育孩子成长为负责任的人，就是在帮助他们走向成熟。詹姆斯·麦迪逊独具慧眼，在《联邦主义者文集》第63节中给责任作了明确的界定，责任必须限定在责任承担者的能力范围之内才合乎情理，而且必须与这种能力的有效运用程度相关。不成熟的人还不能完全具有承担责任的能力。我们必须独自承担或与他人共同承担的责任，依社会结构和政治体制而变更，但惟有一点不会改变：越是成熟，责任越重。

责任感的建立不是一件容易的事，它需要从最微小的事情做起。无论多小的事，都能够比任何人做得更好。并且经常反思自己是否尽力去做了，效果怎么样，这就是责任。

有一个替人割草打工的男孩打电话给布朗太太，问需不需要割草。布朗太太回答说，不需要了，我已有了割草工。男孩又说，我会帮您拔掉草丛中的杂草。布朗太太回答，我的割草工已做了。男孩又说，我会帮您把草与走道的四周割齐。布朗太太说，我请的那人也已经做了，谢谢你，我不需要新的割草工人。男孩便挂了电话。此时男孩的室友问他说，你不是就在布朗太太那儿割草打工吗？为什么还要打这个电话？男孩说："我只是想知道我究竟做得好不好！"

我们每个都应当像这个小男孩一样，将责任根植于内心，让它成为我们脑海中一种强烈的意识，在日常行为和工作中，这种责任意识会让我们表现得更加卓越。我们经常可以见到这样的员工，他们在谈到自己的公司时，使用的代名词通常都是他们而不是我们，他们业务部怎么样，他们财务部怎么样，这是一种缺乏责任感的典型表现，这样的员工至少没有一种我们就是整个机构的认同感。

在这个世界上，没有不需要承担责任的工作，你的职位越高、权力越大，你肩负的责任就越重。不要害怕承担责任，要立下决心，你一定可以承担任何正常职业生涯中的责任，你一定可以比前人完成得更出色。

世界上最愚蠢的事情就是推卸眼前的责任，说等到以后准备好了、条件成熟了再去承担才好。在需要你承担重大责任的时候，马上就去承担它，这就是最好的准备。如果不习惯这样去做，即使等到条件成熟了以后，你也不可能承担起重大的责任，你也不可能做好任何重要的事情。

美国塞文事务机器公司前董事长保罗·查来普说，如果我们公司的人有谁说："那不是我的错，那是他（其他的同事）的责任"，被我听到的话，我就开除他，因为说这话的人显然对我们公司没有足够兴趣——如果你愿意，站在那儿，眼睁睁地看着一个醉鬼坐进车子里去开车，或任何一个没有穿救生衣、只有 2 岁大的小孩单独在码头边上玩耍——好吧！可是我不容许你这样做的。你必须跑过去保护那 2 岁的小孩才行。

可见，要想成为一个敢于负责任的人，就必须改掉推脱责任的坏习惯。犯了错误有什么理由要解释时，自己首先要反省，我的理由是不是客观事实，真实可信？是不是只是想用借口来掩饰自己的错误？然后回头看看自己的行为，如果自己确实有错误的地方，就应该勇敢地承担责任，诚恳地承认错误，并且要改正自己的行为，积极地寻求补救的办法。

这种对自己的严格检查，可能刚开始时有些困难，但是你要相信，只有勇于承担责任的人，才有可能成就大事业。有了问题，特别是难以解决的问题，可能让你懊恼万分。这时候，有一个基本原则可用，而且永远适用。这个原则非常简单，就是永远不放弃，永远不为自己找借口。任何借口都是推卸责任。在责任和借口之间，选择责任还是选择借口，体现了你的生活和工作态度。

保持一颗积极、绝不轻易放弃的心，尽量发掘你周围人或事物最好的一面，从中寻求正面的看法，让自己能有向前走的力量。即使终究还是失败了，也能汲取教训，把这次的失败视为朝向目标前进的踏脚石，而不要让借口成为你成功路上的绊脚石。

信心产生热忱，热忱征服世界

心理学教授罗伊指出：热情是一种精神特质，代表一种积极的精神力量，这种力量是不稳定的。不同的人，热情程度与表达方式不一样；同一个人，在不同情况下，热情程度与表达方式也不一样。但总的来说，热情是人人具有的，善加利用，可以使之转化为巨大的能量。

热情是我们成功的“汽油”，是我们成功的精神保证。但是，并不是每一个人一生下来就有满腔的热情。火一样的热忱必须要在后天有意识的培养。懒着不动的人永远不可能拥有热忱。

真正的发自内心的热情，就好像是从井中汲水一样，你必须操作抽水机才能使水流出来，接着水便不断地自动流出。你可以对你所知道或所做的任何事情都付出热情，它是积极心态的一种象征，会自然地从思想、感情和情绪中发展出来。

热情是一股充满生命力的力量，它和信心一起将逆境、失败和暂时的挫折转变成为行动。热情对你潜意识的激励程度和积极心态的激励程度是一样的。当你的意识中充满热忱时，那么你的强烈欲望和为达到欲望所拟定的计划是坚定不移的。相反，没有或者缺乏热情的人，就好像是没有发条的手表一样缺乏动力。一位神学教授说："成功、效率和能力的一项绝对必要条件就是热忱。"一个缺乏热忱的人别想赢得任何胜利。

你如果已经工作了，就会知道，当你最初接触一项工作的时候，由于陌生而产生新奇，于是你千方百计地了解熟悉工作，干好工作，这是你主动探索事物秘密的心理在职业生涯中的反映。而你一旦熟悉了工作性质和程序，日常习惯代替了新奇感，就会产生懈怠的心理和情绪，容易固步自封而不求进取。

哈佛大学校长讲了一段自己的亲身经历：有一年，校长向学校请了3个月的假，然后告诉自己的家人，不要问他去什么地方，他每个星期都会给家里打个电话，报个平安。校长只身一人，去了美国南部的农村，尝试着过另一种全新的生活。在农村，他到农场去打工，去饭店刷盘子。在田地做工时，背着老板吸支烟，或和自己的工友偷偷说几句话，这都让他有一种前所未有的愉悦。最有趣的是最后一次他在一家餐厅找到一份刷盘子的工作，干了4个小时后，老板把他叫过来，跟他结账。老板对他说："可怜的老头，你刷盘子太慢了，你被解雇了。"

"可怜的老头"重新回到哈佛，回到自己熟悉的工作环境后，却觉得以往再熟悉不过的东西都变得新鲜有趣起来，工作成为一种全新的享受。这3个月的经历，校长像一个淘气的孩子搞了一次恶作剧一样，新鲜而有趣。更为重要的是，回到一种原始状态以后，就如同儿童眼中的世界，一切都那么有趣，也不自觉地清理了原来心中积攒多年的"垃圾"。

为了维持我们生命中宝贵的热情，我们何不寻找一段不受干扰不受牵绊的真正属于自己的时间，做一回自己的主人呢？即使只有半日，也可以涤净尘埃，使精神焕然一新。这时你再用豁达的态度来看你周围的人和事，便会有一种茅塞顿开之感，这便会重新使你焕发生活的热情。

有热情才能有积极性，没热情只能产生惰性；惰性会使你落伍。业绩不佳难免要被“炒鱿鱼”。这也是职业生涯中的一条规律。由此看来，你能不能与别人竞争，关键靠你的心理素质和内心动力，也就是靠坚持不懈地工作热忱。

同样一份职业，同由你来干，有热情和没有热情，效果是截然不同的。前者使你变得有活力，工作干得有声有色，创造出许多辉煌的业绩；而后者，使你变得懒散，对工作冷漠处之，当然就不会有什么发明创造，潜在能力也无所发挥；你不关心别人，别人也不会关心你；你自己垂头丧气，别人自然对你丧失信心；你成为这个职业群体里可有可无的人，你也就等于取消了自己继续从事这份职业的资格。可见，培养职业热情，是竞争至关重要的事情。

事实上，每个人都有理由充满工作热情，不论是作家、教师、工程师、工人、服务员，只要自己认为理想的职业就应该热爱，热爱也就自然珍惜。但有些职业在经过深入了解以后，可能会感到无非如此，用不着付出多大努力，已是绰绰有余，便以例行公事的态度从事之。这样问题就出来了，你虽然热爱自己的职业，却不知道怎样把职业掌握在自己手里。再熟悉的职业，再简单的工作，你都不可掉以轻心，都不可没有热情。如果一时没有焕发出热情，那么就强迫自己采取一些行动，久而久之，你就会逐渐变得热情。假使你相信自己从事的职业是理想的，就千万别让任何事情阻止了你的工作。

罗伊教授指出：世上许多做得极好的工作，都是在热情的推动下完成的。关键所在，是要有把工作做好的热情，并能善始善终。保持热情的内因是良好的心理素质。要相信你认为好的，必定是好的。与其担心别人的评论，不如设法完成你所择定的事情，创造出无可争辩的实绩，让人刮目相看。

试想一下，能够成为一位朝气蓬勃、积极向上而且满腔热忱的人，是一件多么惬意的事啊！在繁忙的生活和汹涌的人群中，他们就像温暖的阳光一样受到欢迎。在人们受到伤害的时候，他总能给以慰藉，使人振作精神。当这样的人与我们在一起时，我们就像增添了活力和动力一般。于是，当我们陷入困境时，也会不自觉地想到他们。他们散发出来的活力和他们那鼓励的话语，可以抚慰我们心灵的伤痛。

无论你有多穷困潦倒，或身处多大的挫折之中，只要在生活中始终面带微笑，把自己的善良和友好毫无保留地奉献出来，这样的个性就会帮助你走向成功。尽力发现每个人的优点，乐于助人，主动显示自己的爱心和友好，对快乐的生活充满渴望，你距离成功也就不会太远了。

不要为别人的看法而活着

每个人都是这个世界上短暂的过客，相互之间只是别人眼中的一道风景，因此对于每一次参与、每一次失败，不要过于看重别人对你的看法，你完全可以一笑了之，你笑了，别人也就忘记了。记住不要让自己过多地纠缠于失落的情绪中，你的哭泣只能提醒人们重新注意到你曾经的无能。

曾经有人感慨："20岁时，我们顾虑别人对我们的想法。40岁时，我们不理会别人对我们的想法。60岁时，我们发现别人根本就没有想到我们。"这是一种人生哲学。那就是：学会看清自己，才能做到轻装上阵，没有任何负担地踏上漫漫征途，你的人生路途才能更加坦直。

有一位哲学家说过：一切的真理，都得经历这样三个阶段，才会为世人接受。第一阶段，觉得可笑而不理会；第二阶段，视为邪说而强烈抗拒；第三阶段，未加思索就欣然接受。所以，一旦你接受了别人的信念，就如神经系统被下了一道魔咒，你的现在和未来，都会受到它的影响。

对于年轻人来说，由于一直渴望充分展示才情，当机会突然降临在他们面前的时候，很多人都会一下子变得手无足措。第一次演讲、第一次独立做事，你可能会紧张的一夜都睡不好觉。这时，你一定要明白，你周围的人都有自己的事要做，他们没有那么多时间把注意力完全集中到你身上，他们还是把你当成一个普通人来看待，并不期望你能干出多么惊天动地的大事，你只要和别人一样，按部就班地做了、说了，就算圆满完成任务了。

马克·吐温请一位初到纽约的年轻作家吃饭，陪客大部分是本地的达官显贵。临入席的时候，那位作家越想越害怕，浑身都发起抖来。“你哪里不舒服吗？”马克·吐温问。

“我怕得要死。”这位年轻作家说，“我知道，他们一定会请我发言，可是我实在不知道该说什么，一想起可能要在他们面前丢丑，我就心神不宁。”

“呵呵，你不用害怕，我只想告诉你——他们可能要请你讲话，但任何人都不指望你有什么惊人的言论。”

马克·吐温的话对很多年轻人来说都是适用的。有人也许会说，好不容易出现了机会，为什么不借此一鸣惊人呢？其实，在这个越来越理智和多元的时代，一个人的优点要通过很长的时间、经过一系列事件才能展示出来，一亮相就能获得满堂喝彩的日子只会出现在戏剧中。相反，初出茅如者过分的标新立异反而容易引起人们的反感。作为年轻人，唯一要做的，就是让人们看到你确实为此做了充分的准备，你有一个很认真的态度，这就足够了。

你个人如果想主宰自己的人生，就必须好好掌握自己的信念。就是在自己的想法和别人的意见之间，有一个坚定的判断。否则，我们很可能会失去自我。

但是在现实生活中，很多人都太在意别人对自己的看法了，把自己搞得敏感兮兮的。有些人在路上不小心摔了一跤，惹得路人哈哈大笑，摔跤者在尴尬之下，还会认为全天下的人都在看着自己出丑。但是，若我们将心比心，换位思考一下，就会发现其实这种事只是路人们生活中的一个小插曲而已，甚至于在他们哈哈一笑之后，就早已经抛诸脑后了，只有当事人还执着于心，没能放下。

真正爱你的人，才会把你的一举一动都放在心上，他们会为你的快乐而快乐，为你的悲伤而悲伤。但真正爱你的人，肯定不会嘲笑你的丑态，不会看不起你的缺点，他们只会鼓励和支持你。因此不要在意别人的看法，你只要做到最好就足够了。一个人要坚持自己的个性，不要总是在意别人的看法。在生活中，不要太在乎别人的看法，要坚持自己正确的做法，才是对的。不要太在乎别人的看法，要有主见，做你自己，培养一点潇洒的习惯，不要太在意别人的看法或批评。

很多时候，我们习惯于跟随着别人的意志做事，总是要听听别人的意见才肯作出决定，哪怕是很小的一个决定，也对自己没有信心，常常被别人的看法左右。要知道，每个人都有自己的实际情况，黑格尔的辩证法认为：每一个事物都有它自己的特点，因此我们在对待任何事物时，都要具体问题具体分析，万万不可千篇一律。这对我们的启示就是，不要太在意别人的看法，一定要从自身的实际情况出发，做出对自己有益的正确的决定。

不要为别人而活，不要被教条所限，不要活在别人的观念里，不要让别人的意见左右自己内心的声音。最重要的是，勇敢地去追随自己的心灵和直觉，只有自己的心灵和直觉才知道你自己的真实想法，其他一切都是次要的。

别人的评价有时可以给我们心灵的启迪。有时却会打击我们的自信，将远大的抱负愈加推离了我们。所以千万不要把对方轻视你的话当成是严重打击，而要把它当成是一种激励。还有遭遇挫折和沮丧时，随时记取他人的冷嘲热讽，这样你甚至还能够意气风发。

第四辑

挑战逆境离不开强大的信仰

深陷低谷时，能够像风筝一样逆势而上，离不开内心坚定的信仰。对每个人来说，强大的信仰是人生旅途的一盏明灯，它会照亮我们远行的路，增加前行的勇气和力量。

奋起的力量在我们内心深处

勇于冒险，敢于挑战生活，才有多彩多姿的人生。英国俗谚说：“冒险越大，荣耀越多。”这种冒险是有目的、有计划地对你的智慧和能力的挑战，绝不是冒冒失失地无端逞强及企图侥幸的投机取巧。有这样一则寓言故事：

一个魂灵要求上帝派给他作一个最好的“形象”。上帝回答：“你准备做人吧。”“做人有风险吗？”灵魂问。“有，勾心斗角，残杀，诽谤，夭折，瘟疫……” 上帝答。“另换一个吧！”“那就做马吧！”“做马有风险吗？”“有，受鞭笞，被宰杀……”他又要求换一个。换成老虎，得知也有风险。再换成植物，了解植物也是存在风险。“啊，恕我斗胆，看来只有您没风险了，我留下，在你身边吧！”上帝哼了一声：“我也有风险，人世间难免有冤情，我也难免被人责问……”说着，上帝顺手扯过一张鼠皮，包裹了这个魂灵，推下界来：“去吧，你做它正合适。”

这个故事告诉我们，风险几乎无处不在。乐于迎战风险的人，才有战胜风险，夺取成功之望。人的成功，往往就是这样，从梦想到目标，从目标到计划，从计划到行动，从机遇到大胆，从大胆到成功。你从失败走向成功，从平凡走向卓越，都要靠胆魄。

大凡成功的人士，在做到“抓住机会”这一成功原则后，还需呼唤内心的胆量和魄力，去驱使自己做出决定，改进人生。要知道，即使你有胆量，有魄力放弃了眼前的所有，去争取更大的成功，可没有人保证你会必然地迎来更大的成功。你可能失败。一次失败后，两次失败后，再次失败后……你还有与命运苦争的胆量和魄力吗？如果你有，那你经受的失败，只是考验，只是经验的积累，你早晚会成功。

对于已经事业有成的人来说，他们一个大胆的决定可以使他们走向更辉煌的成功，一个大胆的决定也可能使他们顿时一穷二白，或许欠下一辈子都还不清的债。如果你恰好没钱、没背景、没经验，你的资本就是你，那你大胆做出决定时，有什么值得顾忌的呢？你不会失去什么，得到的，却会是光荣与辉煌。

不甘平庸，不喜四平八稳，追求标新立异的品格，是美国早期拓荒者艰苦创业时形成的优秀心态。心理学家法兰·花里对历史上的名人进行了20余年的心理研究，找出了他们性格的共同点，即这些名家酷爱竞争和冒险，乐于“刺激”自己。因而，他们热情澎湃，充满活力，始终保持一种昂奋进攻的态势。这种传统和性格，哺育了众多英才伟人。

决心的价值取决于下定决心所需的勇气，奠下文明根基的重大决策，往往要背负着生死存亡的风险，才做得成最后的决定。林肯决心发表其著名的解放黑奴宣言，赋予美国黑人自由。在发表之初，林肯完全了解，此举将使得成千上万原先支持他的朋友和政界人士转而反对他。

突破现状需要很大的勇气。因为维持现状比较容易，也不会有很多的麻烦。一般人都毫无例外地认为：如果用过去的方式经营事业，照样能发达的话，绝不用轻易地改变什么。但是，如果你只维持现状，不求进步，用不了多久，就一定会走下坡路。“不进则退”就是这个道理。时代是发展的，人的思想需求和习惯也不断发生变化，谁无视这个事实，谁就得走下坡路。

只有勇气，才能使你战胜脆弱，笑对磨难。它能使你产生一种强烈的期待感，不断催促你奋力前行。勇气，是飞鸟振翅翱翔的双翼，它能助你飞向理想的、瑰丽的彼岸。

世上的一切都借希望而完成

在希腊传说中，普罗米修斯盗了天火给人类，惹恼了众神之王宙斯，他命令手艺最高明的匠神赫淮斯托斯按照女神的模样打制出一名女子，起名叫潘多拉，即具有一切天赋的女人之意，并且让每一个神都送一样礼物放在潘多拉随身携带的匣子里。此后，宙斯把潘多拉嫁给了普罗米修斯的弟弟埃庇米修斯。因为普罗米修斯是个先知，所以他知道潘多拉是宙斯用来惩罚人类的工具，因此，他事先反复郑重地提醒和警告埃庇米修斯：千万千万不要动潘多拉的匣子。

然而，普罗米修斯万万没有想到，自己语重心长的警示反而引起了埃庇米修斯强烈的好奇心。埃庇米修斯趁人不在，偷偷地打开了潘多拉的那个匣子，顿时，匣子里各种各样的东西都飞了出来，埃庇米修斯定神一看，天那，从匣子里飞出来的是战争、疾病、瘟疫、灾难、痛苦、妒忌……埃庇米修斯被吓坏了，他急急忙忙关上了匣子，结果，最后一样东西被关在了匣子里，这个东西恰恰就是：希望。

从此以后，人类必须经历各种各样的战争、疾病、瘟疫、灾难、痛苦、妒忌……惟独缺少的是希望。这个故事告诉我们，在人生这个征途中，最重要的既不是财产和地位，而是在自己胸中像火焰一般燃烧起的信念，即“希望”。

在这个世界上，有许多事情是难以预料的。我们不能控制机遇，却可以掌握自己；我们无法预知未来，却可以把握现在；我们不知道自己的生命到底有多长，但我们却可以安排当天的生活；我们左右不了变化无常的天气，却可以调整自己的心情。只要活着，就有希望，只要每天给自己一个希望，我们的人生就一定不会失色。

一对喜欢攀岩的夫妻，一次不幸双双坠入荆棘密布的深谷。遍体鳞伤的妻子醒来时发现自己的腿已摔断，不能动弹，而近旁的丈夫则还在昏迷之中。她急切地呼唤着丈夫的名字，并试图搬开卡住他的两块巨石，但没有成功。

在这远离人烟的山谷中，两个重伤员只有企盼奇迹出现。妻子脑海里绝望的念头只一闪，便打消了。因为她感觉到丈夫的心脏还在跳动，她忙替丈夫包扎好几处流血的伤口，然后将他的头揽在怀里，面颊紧紧贴上去，一声声轻唤着丈夫的名字。

许久许久，丈夫的喉结蠕动了一下，发出了含混不清的呻吟。妻子立刻意识到丈夫是想喝水，可是他身边没有一滴水啊！妻子急得嘴唇都咬破了。猛然，她有了办法！她将自己的右手食指放进嘴里使劲咬破，然后放进丈夫的嘴里，让他吸吮她的血。

疼痛中，妻子抓起身旁的一棵青草塞到嘴里，牙关紧咬时，一丝草汁竟让她欣喜万分。她开始不断地咀嚼青草、树叶，储备生命的能量，因为她知道只有自己坚持下去，丈夫才能有活下去的希望。

两天后，他们被一位猎人救了出来。当丈夫得知了妻子那特殊的救助方式时，他跪倒在妻子眼前，捧着那曾无数次牵过的娇柔的手，滚烫的泪水大滴大滴地落下……

这让我想起一位老师经常对他的学生说的话："人生不能无希望，所有的人都是生活在希望当中的。"保持希望的人生是有力的，希望是人生的力量，在心里一直抱着美梦的人是幸福的。也可以说抱有希望活下去，是只有人才被赋予的特权。只有人，才能由其自身产生出面向未来的希望之光，才能创造自己的人生。

一个人若没有了希望，那么他无论如何是不可能成功的。人很容易在面对失败或挫折时，变得悲观失望，消极颓废，或在严酷的现实面前，失掉活下去的勇气，或怨恨他人，结果落得个唉声叹气、牢骚满腹。绝望就像是癌症，它使人失去了面对现实、挣扎抗拒的勇气。而与此相反，希望却正如坚强的生之意志，它能使一切看似无可救药的事物重获生机，欣欣向荣。如果一个人的心灵有了希望，那么有什么东西可以打败他呢？

每天给自己一个希望，就是给自己一个目标，给自己一点信心。希望是是引爆生命潜能的导火索，是激发生命激情的催化剂。每天给自己一个希望，我们将活得生机勃勃，激昂澎湃，哪里还有时间去叹息去悲哀，将生命浪费在一些无聊的小事上呢？生命是有限的，但希望是无限的，只要我们不忘每天给自己一个希望，我们就一定能够拥有一个丰富多彩的人生。

成为一个屡败屡战的人

人们总是崇敬英雄，虽然英雄有时会失败，但是永远不会被打垮，英雄的精神和斗志是永远战斗。

人的一生中不会永远一帆风顺。但是失败者总是把挫折当成失败，每次挫折都打击他的勇气；成功者则是从不言败，在一次又一次挫折面前，总是对自己说："我不是失败了，而是还没有成功。"一个暂时失利的人，如果继续努力，打算赢回来，那么他今天的失利，就不是真正失败。

著名电台广播员莎莉·拉菲尔在她 30 年职业生涯中，曾经被辞退 18 次，可是她并没有因此而灰心丧气。总结了失败的教训之后，在节目中充分利用自己的长处和平易近人的主持风格，还请观众打电话来畅谈他们的感受。听众立刻对这个节目产生兴趣，她也因此一举成名。她说："我被人辞退18次，本来可能被这些厄运所吓退，做不成我想做的事情。结果相反，我让它们鞭策我勇往直前。"

贝多芬的音乐生涯磨难重重，但即使在他耳聋了之后，他也不曾放弃对音乐的热爱，他把一切的坎坷不幸归之上天对他的磨炼。这种想法激发他的勇气，加强意志，完成工作，或是作为情绪低落时的一种自我安慰。

当一个人在沉溺于挫折的痛苦当中不能自拔，他就很难再有勇气去想自己下一步的行动。如同一个拳击运动员所说："当你的左眼被打伤时，你必须睁大你的右眼，只有这样你才能够看清敌人，也才能够有机会还手。"拳击是这样，其实人生又何尝不是这样呢?

不要惧怕失败，任何时候请记住：没有失败的成功是一种侥幸。

尼采说过："受苦的人，没有悲观的权利。"因为受苦的人，必须要克服困境，悲伤和哭泣只能加重伤痛，所以不但不能悲观，而且要比别人更积极。在冰天雪地中历险的人都知道，凡是在途中说："我撑不下去了，让我躺下来喘口气"的同伴，很快就会死亡，因为当他不再走、不再动时，他的体温就会迅速地降低，接着很快就会被冻死。在人生在战场上，如果失去了跌倒以后再爬起来的勇气，得到的只能是彻底的失败。

悲观是没有用的，现实生活中也许有人同情悲观，同情眼泪，但没有人愿意共享悲观，共享眼泪。我们要做到的就是放弃悲观的权利，让"悲观"从我们的字典里抹去。只有受苦而不悲观的人，才能克服困难，脱离困境，只有放弃悲哀的人才能站起来，向胜利的目的地走去。

据说拿破仑一上战场，士兵力量倍增。军队的战斗力，大半寓于士兵对将帅的信仰之中。将帅显露出疑惧张惶，全军必然要陷于混乱、动摇；将帅的自信，则可以加强他部下健儿的勇气。

人的各部分的精神能力，像军队一样，也应该信赖其主帅——意志。

有坚强的意志，有坚强的自信，往往使得平庸的男女也能够成就神奇的事业，成就那些虽然天分高、能力强、但是多疑虑与胆小的人所不敢染指尝试的事业。

你的成就大小，往往不会超出你自信心的大小。假使拿破仑自己以为此事太难的话，拿破仑的军队决不会爬过阿尔卑斯山。同样，假使你对自己的能力心存疑虑，你在一生中决不能成就重大的事业。

在这世界上，还有许多人，他们以为别人所有的种种幸福是不属于他们的，以为他们是无法得到的，以为他们是不能与那些鸿运高照的人相提并论的。然而，他们不明白，这样缺乏自信，是会大大削弱自己的生命力的。

自信心是比金钱、势力、家世、亲友更有用的条件。它是人生可靠的资本，能使人努力克服困难，排除障碍，去争取胜利。对于事业的成功，它比什么东西都更有效。

在分析一些有成就的人的奋斗史时，我们可以看到，他们充分信任自己能力的坚强自信心，他们的心情意志坚定到任何挫折失败都不足以使他们放弃，失败乃成功之母，每失败一次，就增加一分成功的可能性，屡败屡战，才能所向无敌。

以平常心看待“好”与“坏”

生活中形形色色的人，构成了这个丰富多彩的世界。什么是好？什么是坏？好坏本来没有标准，没有必要在这个问题上较真。好与坏是相对的，更有利益的划分，人心的考量。人无所谓好坏，大多是利益使然。

问题是，一个人要学会妥善处理各种关系，学会与不同的人打交道，包括与我们有利益冲突的人。方方面面都处理得圆圆满满，这样的人才能做大事，成大事。

其实不只是人，自然界中的任何事物的发展都遵循着一定的规律，高潮过后必然会有低潮。祸兮福之所倚，福兮祸之所伏，危机也是转机，只要我们善于把握当下的契机，必然迎来灿烂的明天。

家具商尼科尔斯的工厂突然着火，所有的家具都被烧毁了，只留下了一片残存的焦松木。尼科尔斯看着眼前的一片狼藉，心情糟透了。突然，那些烧焦松木独特的形状和漂亮的木纹吸引了他的目光，一个念头从脑海里闪过。他小心谨慎地用碎玻璃片削去沉灰，再用沙纸打磨光滑，涂上一层油漆。这时，一种温暖的光泽和红松非常清晰的纹理便呈现在眼前。他惊喜地喊起来！从此，尼科尔斯便开始生产仿纹家具。这种独特的家具很受人们的喜爱，大家都争先恐后地购买。

正是这场意外的大火，烧出了尼科尔斯的灵气和希望，促成了仿纹家具的诞生。当时，有人评论："尼科尔斯独特的家具，就像一只在火堆里死而复生的鸟一样蓬勃兴起。"这场大火，虽然给他带来了灾难，却也带来了新的商机。至今，他创造的第一套仿纹家具，还陈列在纽约博物馆里。

俗话说："垃圾之中有黄金。"意外的灾难中，很可能隐藏着意外的收获。只要不放弃自己的信念，努力发掘，就可以在挫折中获得经验，得到意外的灵感。因此，把挫折当成一次成功的转机，你就会成为生活的强者。

人生是一种体验，是一种心理感受，即使身处逆境外部环境无法改变，人们也会通过自身的努力去改变自己的生存状态，人通过自己的精神力量去调节自己的心理感受，尽量地将其调适到最佳的状态。

有一次，苏格拉底跟妻子吵架后，刚走出屋子，他的妻子就把一桶水浇在他头上，弄得他全身尽湿。于是自我解嘲地说："雷声过后，雨便来了！"一个乐观的人，当他面临苦难和不幸时，绝不自怨自艾，而以一种幽默的态度，豁达、宽恕的胸怀来承纳。乐观的心态是痛苦时的解脱，是反抗的微笑，笑是一种心情，时时有好心情是一种境界。"一个人若能将个人的生命与人类的生命激流深刻地交融在一起，便能欢畅地享受人生至高无上的快乐。"

要拥有乐观的心态，首先目光就要盯在积极的那一方面。一个装了半杯酒的酒杯，你是盯着那香淳的下半杯，还是盯着那空空的上半杯？从篱笆望出去，你是看到了黄色的泥土还是满天的星星？以不同的心态去看待身边的事物，就会收到不同的效果。

心理学家指出：烦恼是一阵情绪的痉挛，精神一旦牢牢地缠住了某事就不会轻易放弃它。不良的心境有一种顽固的力量，往往不易摆脱，当一个人心境不佳时不要过分独自地冥思苦想，最好将自己的心事倾诉出来，或是转移到其它的事情上去，心理学上称之为"心境转移"。悲观主义者倾向于自责。乐观主义者则寻找客观原因。当一切顺利时，乐观主义者把一切功劳都归于自己，而悲观主义者只把成功视为侥幸。

的确，在多数人身上，乐观主义和悲观主义是并存的。但总更倾向于其中之一。生活中不乏欢乐，欢乐还要你去用心地体会，从平凡的事物中发现美，做一些自己喜欢做的高兴、有益的事，因为快乐是一种生活态度问题，真正的幸福来自内心。

再苦再难也要笑一笑

托尔斯泰在《我的忏悔》一文中讲了这样一个故事：

一个人为躲避一只老虎的追赶不慎掉下悬崖，在跌落过程中他非常幸运地抓住了一棵生长在悬崖边的小灌木。他的头顶上有一只老虎正虎视眈眈，悬崖底下还有一只老虎仰头等待他掉下去，更糟的是，两只老鼠正忙着啃咬悬着他生命的小灌木的根须。此时，他突然发现触手可及的地方生长着一簇野草莓，这人拽下草莓，塞进嘴里，自语道："真甜啊！"

当痛苦、绝望、不幸和危难向你逼近的时候，你是否还能苦中作乐，享受一下野草莓的滋味？其实，只要你能换个角度来思考，很多苦难都微不足道。有很多烦恼和痛苦是很容易解决的，有些事只要你肯换种角度、换个心态，你就会有另外一番光景。遇到苦难挫折时，不妨把暂时的困难当作黎明前的黑暗。只要以积极的心态去观察、去思考，就会发现事实远没有想像中的那样糟糕。换个角度去观察，世界会更美。

惠特曼说："只有受过寒冻的人才感觉得到阳光的温暖，也惟有在人生战场上受过挫败、痛苦的人才知道生命的珍贵，才可以感受到生活之中的真正快乐。"痛苦与快乐是辩证关系，痛苦中它可产生快乐也可产生痛苦两者相互依存，不知苦痛，怎能体会到快乐？痛苦就像一枚青青的橄榄，品尝后才知其甘甜，让我们不畏痛苦，在痛苦中收获快乐，在痛苦中永生。

美国内战期间，一位女士在庆祝胜利的那一天收到了一封信，她的侄儿——她最爱的人死在战场上了。她无法接受这个事实，决定放弃工作，远离家乡，把自己永远藏在孤独和眼泪之中。

她清理东西的时候，忽然发现了一封早年的信，那是她侄儿在她母亲去世时写给她的。信上这样写道：我知道你会撑过去。我永远不会忘记你曾教导我的：不论在哪里，都要勇敢地面对生活。我永远记着你的微笑，能够承受一切的微笑。她把这封信读了一遍又一遍，似乎他就在她身边，一双炽热的眼睛望着她：你为什么不照你教导我的去做？

于是她打消了辞职的念头，一再对自己说：我应该把悲痛藏在微笑下面，继续生活，因为事情已经是这样了，我没有能力改变它，但我有能力继续生活下去。

在荷兰首都阿姆斯特丹一座15世纪的教堂废墟上留着一行字：事情是这样的，就不会那样。陷在痛苦的泥潭里不能自拔，只会与快乐无缘。告别痛苦的手得由你自己来挥动，享受今天盛开的玫瑰的捷径只有一条：坚决与过去分手。

工作生活中，我们经常会遇到许多捆绑和束缚，殊不知囚禁我们的不是别人，而是自己，是我们不健康的心态和偏激的态度。我们每一个人无疑都会有自己的毛病或不足，清醒地认识自己，不断地完善自己，这对事业的成功肯定会有很大的帮助。要把计划放在今天，把行动放在现在，扎扎实实做好每一件事情。当你面对挫折时，选择一个良好的情绪，正确的心态。

有个人失恋了，在公园悲痛欲绝。一位哲学家走来，轻声地问："你为何哭得如此伤心？"失恋的人回答说："我和青梅竹马的女友分手，十年的感情啊！说分就分了！呜呜……我好难受……"不料这位哲学家却哈哈大笑，并说："这是好事啊！你还哭，真笨！"失恋的人便很生气地说：

“你怎么这样，我遭受这么大的打击，都不想活了。你不安慰我就算了，居然还嘲笑我。”哲学家回答他说：“傻瓜，这根本就不用难过啊，真正该难过的是她。因为你只是失去了一个不爱你的人，而她却是失去了一个爱她的人。”

快乐与否，完全取决于个人对人、事、物的看法如何。面对人生的烦恼与挫折，最重要的是摆正自己的心态，积极面对一切。不要幻想生活总是那么圆满，生活的四季不可能只有春天。每个人的一生都注定要经历沟沟坎坎，品尝苦涩与无奈，经历挫折与失意。因此，从现在开始，微笑着面对生活，不要抱怨生活给了你太多的磨难，不要抱怨生活中有太多的曲折。其实快乐不快乐只取决于你的态度。再重的担子，笑着也是挑，哭着也是挑。再不顺的生活，微笑着就撑过去了，就是胜利。

没有人会注定不幸，你绝不比其他人更不幸。不要因为没有鞋子而哭泣，看看那些没有脚的人吧。绝对不要把自己想象成最不幸的人，否则你真成了最不幸的人。很多人觉得活着很累，过得很不开心。许多人喜欢跟自己较劲；有时候，这种坚持是必要的，但是许多时候却是一种藩篱。时光匆匆过，恐怕别人已经欣赏了更多美景，而你还在原地坐困愁城。要知道，面对同一件事，想得开是天堂，想不开是地狱。

在漫长的人生旅途中，苦难并不可怕，受挫折也无需忧伤。只要心中的信念没有萎缩，你的人生旅途就不会中断。所以你要微笑着面对生活，不要抱怨生活给了你太多的磨难；不要抱怨生活中有太多的曲折；更不要抱怨生活中存在的种种不公。当你走过世间的繁华，阅尽世事，你就会豁然开朗：人生不会太圆满，再苦也要笑一笑！

绝望时，希望也同时在等你

四位年轻的野外探险爱好者相约去原始森林探险，在森林里，他们发现不少以前从未见过的东西，他们感到非常兴奋，但是不幸突然降临。

第四天，被浓雾包围的他们迷路了。一名队员在涉水时被卷走，眨眼之间，就被咆哮的激流淹没了。为了活下去，他们凭以前学过的野外生存知识辨别可以食用的植物，从树叶间寻找可以饮用的露水。他们一次又一次地在浓雾区跋涉转圈，但是一切都是徒劳，最终还是在原地打转。

10 多天过去了，悲观绝望的念头笼罩着他们，精神处于崩溃的边缘。一名队员不甘心等死，提议再试试，可同伴们却不愿再作这种徒劳的努力。他只得单独行动，过了很久，他回来了，手中晃动着一个红色的空可乐瓶子。3 个人激动不已。这说明这一带有人来过，而且来过不久，离平原地区已经不远了。第三十天，他们终于走出了森林。

其实，可乐瓶是那名队员放在自己背包里做水杯用的，他仔细地剔除了罐身上的标签，把它作为“希望”的象征物来唤起同伴们征服死亡的勇气。

人的一生中不可能总会一帆风顺，难免碰到挫折与失败。面对失望，有的人愈挫愈勇，屡败屡战；有的人彷徨失落，自怨自艾。面对绝望，你除了找办法解决它之外，绝对不要陷入后悔与自责中，不要后悔自己所做的事，不要为自己的所作所为找借口，无论是时间还是环境都由不得你去那样做，因为你越想那些后怕的事，你的机会就越小，事情挽回的余地就越少。失败并不可怕，可怕的是伴随失败而来的消极心态，对生活和事业的冷漠，无动于衷，如果陷入冷漠的怪圈，你想要成功将会比登天还难。

你必须培养积极心态，你的心态是你唯一能完全掌握的东西，练习控制你的心态，并且利用积极心态来引导它，消除你脑海中和积极心态背道而驰的所有不良因素。找出你一生中最希望得到的东西，并立即着手去得到它，借着帮助他人洞察自己，去追寻你的目标，如此一来，你便可将多付出一点点的原则，应用到实际行动之中。

务必要懂得打倒你的不是挫折，而是你面对挫折时的心态，应该训练自己在每一次不如意中，都能发现和挫折等值的积极面。务必使自己养成精益求精的习惯，并以你的爱心和热情发挥你的这项习惯。

如果暂时看不到成功的曙光，你可以试试这样一种诀窍，那就是尝试另辟蹊径，看看有没有忽略一些重要的东西，避免一条道走到黑，时刻谨记，在你最绝望、感觉无路可走的时候，希望也许就在不远的地方对你微笑。

心向太阳就能永远看到阳光

用乐观的眼光看世界，世界是无限美好的，充满希望的，我们生活就充满阳光。乐观的心态能把坏的事情变好，悲观的心态却会把好的事情变坏。消极的东西像水果上发烂的部位，当有一处腐烂，它会迅速将好的水果感染坏。

个人主观性在很大程度上影响和改变着一个人的生活和事业。犹如暴雨来临时，乐观的人看到的是之后的阳光，悲观的人却只能看到在暴雨中凋零的落花。只要保持一种乐观的心态，无论它怎样变化，遭受怎样的挫折与磨难，纸上绘出的永远都是美丽动人的风景。我相信很多人都有的切身感受：当自己春风得意之时，便会感觉生活处处充满阳光；而一旦遇到挫折，或身处逆境时，就觉得生活一片阴暗，看到树下飘落的黄叶也会伤心落泪！

战争时期，有个士兵在一次战役中被炮弹碎片刮伤喉咙。他写了张纸条问医生："我会活下去吗？"医生回答说："会的。"他又问："我仍可以讲话吗？"他又得到了肯定的答复。于是这个士兵在纸上写道："那我还有什么好担心的呢？"

是啊！为什么不停止忧虑，对自己说："我还有什么好担心的呢？"也许你就会发现，自己所面临的逆境其实微不足道，不值得操心。你取得了成功和幸福之后，回过头来想一想，是否经历过似乎是不可逾越的困难或不幸的经历，但是如果没有这些困难或不幸，你可能反而不会取得这种成功和幸福？

有个女人叫瑞秋，曾从军和丈夫一起来到拉美的一片沙漠之中，当丈夫外出训练时，她常常孤零零地独自住在被沙漠包围着的铁皮房子里，有时，甚至很长时间也收不到丈夫的一封来信。她深感寂寞，虽然当地有土著人、印地安人和墨西哥人，但他们皆不懂英语，无法陪她说话，她深感痛苦。恰在此时，远方父母的一封来信给了她极大的鼓舞。信极短，却充满了哲理："两个人从牢房的铁窗望出去，一个看到了墙壁，一个看到了星星。"她恍然大悟，决定在茫茫沙漠里寻找璀璨的星星。她开始努力学习当地的语言，努力与当地人交朋友，努力收集各类土产，努力研究当地的一切：包括土拨鼠和仙人掌。这样的生活才开始了几天，她就深深感到她的生活已经变得充实无比。第二年，她将这些收获一一整理成文，出版了一本叫做《快乐的城堡》的书！她兴奋无比，她果然在茫无边际的寂寞中找到了“星星”，她再也不必长嘘短叹了！

事实上，乐观的情绪不是只有一部分人才能享有，只要掌握方法，就能时刻保持乐观心态。在逆境中，经过种种苦难的考验，在徘徊中看到的希望，能够激励我们取得成功。虽然我们的奋斗结果不一定能改变客观世界，但它却能改变我们的内心世界，使我们沿着自己的心灵之路前进。

我们应该破除一种观念，那就是不好的事情就是灾难。就像失业，虽然丢掉工作很严重，甚至是一种灾难，但是不容否认，天下没有不散的宴席；更要承认，经过一段时间的调整可能会出现其他一些挑战与美好并存的机会。

在一座漂亮的两层小楼里，8岁的男孩正趴在一个窗口悲伤，原来他正在看别人在花园角落里埋葬自己心爱的小狗。奶奶看见这种情况，马上走过来把小男孩领到另一个窗口，从这个窗口往花园里看，一朵朵的玫瑰鲜艳夺目，令人心旷神怡。小男孩心中的愁云很快就一扫而空，明亮的眼光、甜甜的笑靥，充分地表现出那掩盖不住的快乐。奶奶说：“宝贝儿，你刚才趴错了窗口！现在不是很好吗？”

培养乐观主义心态就是要用积极的心态不断地努力。对于坚强者来说，一次逆境，就会造就一粒等量大的、能克服任何困难的种子。乐观的人有一种力量，可以战胜一切困难和悲惨的环境，每一个乐观的人都会得到幸福。

请记住，心中有光明，世界就不会黑暗。无论遇到什么样的困难与挫折，一个人都不能消沉、低落，要知道太阳总是会升起来的，等待我们的永远是希望。

坚持，让成功变得不再遥远

年轻人都渴望成功，然而眼高手低经常成为妨碍年轻人成功的最大障碍。渴望成功的年轻人只看到成功人士身上的光环，却常常忽略他们成功之前所忍受的孤独寂寞和奋勇拼搏的过程。人世间没有一蹴而就的事情，任何人只有通过不断的努力才能凝聚起改变自身命运的爆发力。

成功并非遥不可及，只是我们缺乏坚持的勇气，很多时候是由于我们在中途选择了放弃，以致白白错失了成功的良机。要知道，如果不能坚持做那些看似最简单最容易的事，成功的大门绝不会轻易向你开启。

英国作家狄更斯平时很注意观察生活、体验生活，不管刮风下雨，每天都坚持到街头去观察、谛听，记下行人的零言碎语，积累了丰富的生活资料。这样，他才在《大卫·科波菲尔》中写下精彩的人物对话描写，在《双城记》中留下逼真的社会背景描写，从而取得了文学事业上的巨大成功。爱迪生曾花了整整十年去研制蓄电池，其间不断遭受失败的他一直咬牙坚持，经过了近五万次的试验，终获得成功。

这就是坚持为我们带来的丰厚回报。但是，能够将日常生活的小事坚持下去并非一件易事，何况几年如一日甚至十几年如一日为梦想孤独寂寞地奋斗呢？因此，很多人都在劝说别人如何如何坚持的同时，自己却畏之如虎，为自己寻找借口轻易放弃。原因其实很简单：一是自己没有一个切实可行的目标和规划，二是没有培养起这方面的兴趣或者习惯。兴趣很重要，它往往会让我们将本来枯燥的事情变得很享受；而习惯却常常能够让我们对本来不感兴趣的东西开始产生兴趣。

其实，每一个人，包括所谓的失败者，完全可以尝到胜利的喜悦，但他们往往缺少一种胜利的必要条件，那就是坚持。一个人要想取得学业上或事业上的成功，除了个人的努力之外，坚持也是实现这一目标的重要条件。有句谚语说“常常是最后一把钥匙打开了门”，表达的就是这个意思。

但是，一般人能够忍受暂时的困难、短暂的痛苦，但当希望较小而痛苦又旷日持久时，就非意志坚强者不能坚持了。在行动的最后阶段，更是对意志的考验，因为越来越觉得精疲力尽，就需要相当的毅力才能坚持到底。

瑞典一位化学家在海水中提取碘时，似乎发现了一种新元素，但是面对这繁琐的提炼与实验，他没有再将工作进行下去。而另一化学家用了一年时间，经过无数次实验，终于为元素家族再添新成员——溴而名垂千古时，那位瑞典化学家只能默默地看着对方沉浸在胜利的喜悦之中。可见，能否坚持是取得胜利的最后一道障碍。在最黑暗的时刻，也就是光明就要到来的时刻，越是在这样的时刻，越需要坚持，因为坚持就是胜利。

面对眼前的挫折和磨难，你是绕过去也好，你是勇敢闯过去也好，你是迂回着过去也好；你用一两年也好，你用一二十年也好，你消耗了大辈子也好。总之，你若是坚持住，挺了过来，你就为自己找到了出路。因为出路就在挫折和磨难的对面，出路通往的方向就是伟大目标。只要坚持下去，总有一天情况会好转的。

停住，意味着放弃；坚持，体现的是一个人的决心，一个人的毅力，当我们下定决心要坚持时，成功离我们也就没有多远了。坚持是通往胜利的一扇大门，只要在迈向你“伟大目标”的大门上敲得够久，够大声，终会把胜利唤醒。

第五辑

去做你害怕的事，害怕自然就会溜走

许多时候，害怕只是缺乏信心、信仰丢失的结果。其实，真正让我们畏惧的不是那些令人害怕的人和事，而是内心的自卑，以及由此引发的患得患失。真正的勇者，会果敢出击，偏偏去做自己害怕的事，而那个畏首畏尾的自我就会消失得无影无踪。

“不可能”只在愚人的字典里

面对压力和难题，永远也不要轻易产生类似“我不可能做到”的念头，因为一旦这个念头出现在你的脑海，哪怕是瞬间的一闪而过，都会在你的头脑里扎根，并逐渐控制你的思想，产生越来越强烈的消极效果。

计划放弃了，理想也抛弃了，创造力消失了，热情逐渐冷却，所有的努力都半途而废。你看，一瞬间对自我的怀疑，就可能导致你的思想停滞，前进的脚步放缓，原本敞开的机会大门可能会缓缓关闭。仅仅缘于当初那个“我不可能做到”的念头，你可能就只能在深深的自责与失望中，喟叹别人的功成名就。

所以，在人生的道路上，你得打起十足的精神，时刻保持坚定的信念和充足的信心，不要让任何消极的态度钻了空子。即使前方千辛万苦，也应当怀着美好的希望奋勇前行。正如拿破仑·希尔所说：“不可能”这个字眼，只在愚人的字典中找得到。

如果讲一个故事来证明，最容易先想到的当然是竞技体育，因为它之所以让人着迷，让人激情满怀，就是因为它就是为了打破种种看似不可能的现象而存在的。

数千年来，人们一直认为要四分钟内跑完一英里是件不可能的事，不过罗杰·班尼斯特就打破了这个信念障碍。他之所以能创造这项佳绩，一来得归功于体能上的苦练，二来是得力于精神上的突破。在此之前他曾经在脑海中多次模拟以四分钟时间跑完一英里，长久下来便形成极为强烈的信念，因而对神经系统有如下了一道绝对命令，必须全力完成这项使命，果然他做到了大家都认为不可能的事。

班尼斯特打破纪录后，给其他的运动员带来了积极的影响，在随后的一年里竟然有三十七个人进榜，而再后面的一年里更高达三百人之多。之所以会有这个现象，就是他的成功给其他人提供了信心，大家认识到当初认为的“不可能”实际上是可能的。

人们常常会对自己本身或自己的能力产生思想上的限制，其中的原因可能是因为过去曾经失败过，因而对于未来也不敢寄望会有成功的一日，也有可能是没有一个活生生的具体目标，对于愿望能否实现心存疑虑。长久下来他们便开始学得务实，而终于平庸。

残疾军人鲍勃·威兰德是美国人耳熟能详的英雄。他并不是靠作战的英勇和赫赫战功而成为美国人心目中的英雄的，在美国人心中，他是意志的化身，他是勇气的象征，他是奇迹的创造者。

鲍勃·威兰德刚刚23岁的时候，他正以大学的棒球主力队员而闻名。这个时候，他接到了征兵令。不幸的是，他参军的第二个月，就因为踩上了地雷，由一个高190厘米、体重90公斤的魁梧男子变成了不足一米高，有手无腿的残疾人。面对这样的人生遭遇，灰心丧气以至轻生厌世都是可以想象的，但是鲍勃·威兰德没有，他选择了另外一种方式！

鲍勃·威兰德告诉关心他的人：“我是不会求助于别人的。”他对人们说：没有了双腿，我还有双手，我可以用双手代替双腿。在医院里，他拒绝护理人员给他更衣，上下楼梯也拒绝护理人员搀扶。“我有双手，我什么还都能做。”他这样告诉护理人员。最开始他很吃力，但不久他就行动自如了。后来又重新踏进了洛杉矶大学的校门，甚至考取了体育教师的资格。

所以，不要因为暂时的挫折为自己找“我不可能做到”之类的借口了，大声提醒自己“我做得到”，这是一句充满魔力的话，它就如同一阵响亮的号角声，唤醒你的潜意识，带来一股巨大的创造力量。被埋葬的梦想因之而复苏，热情潮湃的光辉随之而迸发，坚强的自信也开始滋生，属于你的伟大时代就在前方。

变不可能为可能，不要在别人做到时才跟从别人的脚步前进，你也应当挑战自己的极限，做第一个变不可能为可能的人，做别人尊敬和跟从的榜样。告诉自己，“我也做得到”！

没有条件创造条件也要上

很久以前，在浩瀚的海洋里生活着很多鱼，那些鱼都有鱼鳔，但是唯独鲨鱼没有鱼鳔。没有鱼鳔的鲨鱼照理说是不可能存活下去的。因为它行动极为不便，很容易沉入水底，在海洋里只要一停下来就有可能丧生。为了生存，鲨鱼只能不停地游动。多年以后，鲨鱼练就了强健的体魄，成了最凶猛的鱼类。

这个关于鲨鱼的故事是否有科学道理，我们在这里不必深究，但是它的确说明了一个深刻的道理。先天不足的鲨鱼没有因此被淘汰，而是勇敢地面对这些不利条件，并且将自己锻造成为最强者。这体现了一种敢于突破弱小，努力向上拼搏的进取精神。我觉得的这句话仍然适合现在的年轻人，因为当今世界瞬息万变，一时的得势或者强大，转眼可能化为乌有，你可能没有学历，没有靠山，没有资金，但是只要能够认识到自己的不足，拥有一颗没有条件创造条件也要上的雄心，就能改变自己的现状，就能变不利为有利，让自己梦想成真。

但是，大多数人在遭遇不幸或挫折时，马上就会认为是命运不佳或命中注定根本看不见机会的存在。对他们来说，再坏的命运都是上天注定的，个人的努力挣扎是抵不过命运的。他们被命运压得抬不起头来，也就看不到眼前的机会了。

命运不是由天注定的，而是由你本人及周围环境等因素综合掌控的。过去的命运是凝固的，未来的命运是未知的，一切都要看你怎样掌握了。被人誉为“乐圣”的贝多芬一生遭到的苦难折磨数也数不清。他贫困，几乎要行乞；他失恋，简直快自杀；他耳聋，对他寄托于音乐事业是最大的打击。在一般人眼中，贝多芬的人生何谈机会。可贝多芬就是一个超越自己命运的强者，他宣言“我要扼住命运的咽喉”，于是就是在他彻底耳聋之后也能谱出《第九交响曲》这种不朽名作。也正如他给一位公爵的信中所说：“公爵，你之所以成为公爵，只是由于偶然的出身，而我成为现在的贝多芬，全靠自己。”

生活中，挫折是人人都会遇到的。受到挫折后，一味地埋怨时运是毫无意义的。你必须冷静的分析寻找原因所在并努力去克服它。挫折只是命运的附带品，它绝不能决定命运。可是同样的挫折在不同的人身上会有不同的结果。对于命运论者，挫折只需一击便可打倒这种人；而对于相信命运由自己创造的人来说，挫折只会激起他更大的斗志。

诚然，有一些不幸的命运是客观存在的。例如人们不能选择自己的出身、时代、家庭等等。身处落后地区、贫困家庭，起点是很低的，要想追上别人也很困难。但是机遇是无处不在的，它并不嫌贫爱富，只要你懂得去观察，再差的情况下也总是有机遇存在的。

所以，想看见机遇的人，要做到的第一步便是端正自己的人生态度，弄明白命运与机会的关系。只有明白了命运的多样性，才会懂得自己原来有选择命运走向的权力。而这种命运的多样性，正是由偶然的机遇造成的。有了机遇的存在，才会开辟出不同的人生道路；相信命运有着必然走向的人，是不懂得去发现偶然的机遇的。不改变这种想法，机遇就永远也不会垂青于你。

从某种意义上讲，机遇是被人创造出来的，是人的主观能动性和外界环境变化的客观必然性的结合。主观方面条件的增强会影响到客观环境的变化，使好的机遇更容易产生。同样，当一定的客观机遇已经出现后，那些不断在提高自身素质方面进行努力的人则要较之常人更容易接近和抓住这些机遇。

许多名人就是创造机遇的高手，他们总是在努力，总是在奋斗，开始时他们是在找寻机遇，而一旦当他们自身的实力积累到一定程度时，机遇便会自动登门拜访。而且，随着他们自身才能的不断提高，知名度的不断增加，其所面临的发展机遇也会相应地有质和量的提高。可以说，没有他们的这些主观努力，就不会有这么多的良好机遇。从这个角度上说，机遇是那些有准备的人创造出来的，是对其努力的一种肯定和回报。

有的人一生中曾有过许多很好的机遇，但他们不懂得充分利用这些机遇，结果丧失了使自己的事业“更上一层楼”的机会。也有的人抓住了机遇，但是并未理解到这一机遇的全部内涵，因此他们有可能取得一定的成功，但仍不免留下诸多的遗憾。

所以，不要错过你面前的机遇，时刻准备好迎接你生命中难得一遇的大好时机，抓住一个属于你的机会，你就能改变看似必然的人生。

能耐住寂寞，能坐冷板凳

成功不是一朝一夕的事情，前往成功的路上也不总是繁华似锦，更多的时候是你一个人独自前进，如同在晨曦初照的黎明或是万籁俱寂的黑夜，独自穿越丛林、荒漠的狼。许多人耐不住寂寞，无法专注地独立完成一件事，也很难集中自己的精力、发挥潜能创造奇迹，由着自己的性子做事，到哪里都跟着感觉走，结果是永远无法承担更大的责任。

无法耐住寂寞的人，在冷清的时候，总会觉得孤寂；在空闲的时候，总会无所事事，因为他们的内心是干瘪和虚妄的。他们即使交了好运，有了发达的前程，也守不住这份繁华。能耐住寂寞的人，必然是坚强、勇猛、无敌的人。只有在孤独中，一切才是真实的——笑容是对自己的，哭泣是对自己的，淡淡的惆怅是对自己的，甜甜的喜悦是对自己的。这时候，人的身心得到锤炼，日后再去干什么，都会游刃有余、宠辱不惊。

一个人要想真正成熟就要领略过真正的孤独与寂寞，而且要用自己的力量战胜它们，找到自己的路。这样，方可对人生、成败有更深刻的理解，干什么事情才会游刃有余。

这个世界过于繁华，常常让人迷失了自我。一个人懂得享受寂寞，才可以静下心来，听到内心真实的声音，找到自己的归宿。追逐繁华却不知道内心需要的人，才是真的寂寞。而爱静的人对宁静的要求，正是为了要找到自己，听听自己内心的声音，使自己不再寂寞。

每天晚上，躺在床上回忆一下今天发生的事，想想自己得到了什么、失去了什么，这些事情是否是内心真正渴望的，明天应该怎么办。做一个有自知之明的人，才会有真正的坚强，不为其他琐事耽搁太多宝贵时光。

世界上的每一个人都需要适当地享受孤独，太嘈杂的生活会让人疲惫不堪，太烦琐的事情会使人精神恍惚。一个人，想在某一方面有所建树，首先要耐得住寂寞。你如果想建功立业，衣锦还乡，耐不住寂寞，坐不了冷板凳是不行的。坐冷板凳不仅仅考验的是我们屁股的承受力，更重要的是在考验我们的心，一颗在孤独和寂寞的煎熬下依然奋勇拼搏的雄心。

一位哲学家说："世界上最强的人，也就是最孤独的人。只有最伟大的人，才能在孤独寂寞中完成他的使命。"只有经过沉默修养和孤独洗礼的人，才能捕捉到人生的真正底蕴。人只有在孤独的时候才能真正认识自我。

所以，要忍受得住孤独和寂寞，你要学会同自己的心灵对话。如果人不善于独处，享受寂寞和孤独，就难以听到生活的要求和期待。能够忍受孤独的人，能在孤独中不懈追求人生价值，不断创造成果的人，是最令人钦敬的。

在寂寞的独处中，最能调动人的才思。寂寞是辉煌的前奏，成功者都有耐得住孤寂的秉性。可以说，人不独处，就不会有冷静而缜密的思考，不能忍受孤独、寂寞的人是绝然干不成大事的，人只有能忍受离群索居、坐冷板凳的环境，怀着虔诚之心攻读、思考，才能取得真经，深入探索科学的奥秘。

许多学者名流，沉潜书斋，甘于淡泊，耐得住清苦和寂寞。有的超尘脱俗，蜗居书斋，闭门避嚣，潜心治学，终有所成。因为，摆脱虚浮、繁杂的困扰后，人的心灵得到净化，思想就能自由地翱翔。

总之，坚实的功底、雄厚的实力绝不是天上掉下来的，也不是吹肥皂泡那样轻而易举地吹出来的，它是含辛茹苦的搏击，是耐得寂寞的攀登，是汗水、精力、心血的凝聚。它是集中力量、倾心投入、超常努力，艰辛搏击后的馈赠。它是生命不可或缺的一部分，也是生命之光的折射和升华。

别在想象中扩大恐惧

人生之所以艰难，在于工作、生活中不可能永远顺利，一旦遇到挫折，各种压力会从各个方面袭来。如何应对并且战胜压力，成为前进道路上不得不认真面对的问题。

世上成就大事业的人无不经过了艰苦的磨炼，才确立了自己的地位，正所谓“木以绳直，金以淬刚”。因此，正确对待压力、困难，不在想象中扩大内心的恐惧，才能冷静下来思索人生，并找到前进的路径，完成自我突破与跃进。

反之，如果应对不当，压力、困难将形成巨大的坏力，让即将到手的成功不翼而飞，化希望为泡影，使意志薄弱者永远默默无闻或沉入人生的低谷。如此看来，应对危机、压力的能力，乃至变压力为动力，是人生最重要的生存艺术。

理智地对待压力而形成的适度紧张，能增强大脑的兴奋过程，提高大脑的生理机能，使人思维敏捷反应迅速。所以，适度紧张是一种经常性的健身运动，它要求手动得勤，腿跑得快，身体各部分肌肉活动增加，新陈代谢加强，这无疑使人增加体力、灵活性和抗疾病的免疫力。

但是在现实中，绝大多数人在压力面前往往无所适从，无技可施，陷入消极厌世的情绪中去。当然，出于本能的需要，为了摆脱无所不在的压力，人们往往选择逃避退缩，于是希望变成幻想，守在个人的小圈子里寻求精神胜利。

此时的幻想可称作空想，它与理想不可混为一谈。理想是积极的幻想，它是在正确的世界观的指导下产生的。这种幻想能激励人的斗志，鼓舞人的信心，推动人去努力学习和工作。一个人，特别是年轻人，如果没有这样的幻想，就会目光短浅，胸襟狭窄，不会为了明天的欢乐而努力克服今天的困难。因此，积极的幻想是一种宝贵的品质。

为逃避而产生的幻想是脱离实际，以愿望代替行动，俗话叫“想入非非”。空想的人，只有白白地浪费青春和生命。如果产生空想的原因得不到及时解除，长时间占据薄弱的意志，这种病态空想就很容易成为强迫空想，如果得不到及时矫正，有可能产生严重后果。

产生这种现象的根本原因是人的性格。在我们周围，这样的人常常不在少数，他们面对各种机会总是战战兢兢，恐惧失败。这种怯懦的心理，会阻碍个体的进步。显然，一个人只有战胜恐惧、祛除怯懦，才能突破自我，有所成就。

美国心理学家麦迪逊在他的名著《心理疾病》中说：“病态心理中，最隐秘而又最严重的是怯懦心理。”然后他又用科学的语言描述：“怯懦有许多层次，自下至上，越来越严重。它的层次依次是：失惊、恐怖、震骇等活跃情态，到惶恐、不安等沉静情态。”另一个著名的心理学家奥威尔说：“怯懦来源于不自信，深深的不自信。”

那么，在生活中如何鼓起成功所需的胆魄和勇气，怎样才能战胜怯懦呢？一个心理学家给我们开具了一副药方：

首先，在和别人说话时，声音一定要响亮，不要在意别人怎么样看待。而当别人和你一样声音响亮时，你偏偏又压低声音，低得很难让别人听到。这样，为了听清你的说话，别人就得对你“俯首贴耳”。这样一来，别人会慢慢地重视你说话了。

其次，在和别人交流之前，你的神态应该是严峻的、有力的，仿佛对方有愧于你，仿佛怯懦的人是他，而不是你。这样，久而久之，他就真的把你当成强有力的人，而尊重你了。

最为重要的是，在和别人谈话或用其他方式交流时，不要让眼睛闪来闪去，不要旁顾，而是紧盯着他，勇敢一些，直到自己在心理上占了上风。在和别人交谈的时候，要适时地保持沉默。特别要在滔滔不绝地说话后，来个突然刹车，也就是在说话时戛然而止，这样，别人会被你的沉默所震慑，而以为你的谈话很重要，有深奥的内容，从而在心理上畏惧你。

所以，当你在精神上或神经陷入紧张之时，试着借着身体某些部位单纯的反复动作，往往可达到舒缓紧张的效果。比如，出席结婚典礼致词或公司会议上发表演讲的时候，在站起来讲话之前，拿个打火机或胸章之类的东西，在讲话过程中可以利用它防止手发抖。另外，你或许可试着观察一下身边的人，一定会发现有些人在不耐烦或紧张的时候，就频频抖腿不止，这正是心理紧张的最佳例证。

总之，人的心理畏惧、紧张，很大程度上是自己造成的，从根本上缘于不自信。害怕的时候，硬着头皮去做某些事，努力克制恐惧心理，反而能在不断练习中增强必胜的信念。因此，选择迎难而上要胜过自欺欺人的怯懦。

“敢做”比“会做”更重要

如果你的人生规划已经做好，信心已经齐备，那么剩下的就是如何行动了。就像一张地图，无论绘制得多么详细，比例有多么精准，如果你不行动，你也无法到达目的地；一本教你如何成功的经典，无论它写得如何精彩，如果你不行动，也它绝对不会让你有一丝收获。只有敢于行动，才是你成功的起点，才能使你的梦想、计划成真。

所以，敢于行动是一切事情成功的关键，是目标化为现实的秘诀。客观地说，大多数人都有自己的理想和目标，想成就一番事业。那么，为什么许多人最终一事无成呢？因为他们总是拖延着，幻想着，而宝贵的时光就这样被耗费掉了。

在幻想中蹉跎岁月，不去行动，可以归结为人的惰性。具体表现在做事拖拖拉拉，制定成功的计划而不去采取行动。把今天的事情拖到明天去做，这本身就是懒惰的结果。唯有今天的事情今天做，才有希望达成目标。虽然行动并不一定使你成功，但是，行动起来而失败总要比坐以待毙好。

仔细想想，那些功成名就者的最大特点就是敢想敢做，这使他们的能力发挥到了极致，进而促使其排除所有障碍全速前进，而无后顾之忧。因而不要总是抱怨自己的命运不好，行动就是力量。惟有行动才可以改变你的命运。十个空洞的幻想不如一个实际的行动。成功，一定要敢想，而且更要敢做！

一位心理学家在调查中发现，许多有能力、聪明绝顶的人为了成就一番事业，长年累月学习和研究的实际上都是如何提高自己胆量的问题。这些人整天在心里揣摩练习的那些东西，其实也是胆量。他们在不同场合严肃而认真地说要如何如何全面提升素质，原来就是如何提升自己的胆量！由此，这位心理学家得出一个结论：胆量，往往是承受生活中一切艰辛、成就一切事业的根基。胆量，有时比能力和智力更加重要，因为胆量能够让人无所畏惧，将不可能变为可能。同时，胆量也可以激发自己内在的潜能，让自己的思路更加开阔，让奇迹随时在自己身边发生。

因此，不要在别人做出成绩的时候才想到，我当时真应该那么做，却没有去行动。我们常常听到有人这样抱怨："如果我当时就开始做那笔生意，早就发财了！""我早就料到了，真后悔当时没有做！"确实，一个好的计划或者创意如果真的胎死腹中，真的会叫人叹息懊恼。

或者在很多时候，当我们掌握的知识越多，能力越强，反而越发显得优柔寡断，常常将简单的事情搞得异常复杂。所以，一定要明白这样一个道理：学习不仅仅是在增长知识，更是在增加胆量。

在一次欧洲指挥家大赛的决赛中，世界著名指挥家小泽证尔按照评委会给他的乐谱在进行指挥演奏时，发现有不和谐的地方。他认为是乐队演奏错了，就停下来重新演奏，但仍不如意。这时，在场的作曲家和评委会的权威人士都郑重地说明乐谱没有问题，而是他错了。面对一批音乐大师和权威人士，他思考再三说："不，一定是乐谱错了！"话音刚落，评判台上立刻报以热烈的掌声。

原来，这是评委们精心设计的圈套，以此来检验指挥家们在发现乐谱错误并遭到权威人士"否定"的情况下，能否坚持自己的正确判断。前两位参赛者虽然也发现了问题，但终因趋同权威而遭淘汰。结果，小泽证尔果敢否定乐谱的错误，而在世界音乐指挥家大赛中摘取了桂冠。

许多时候，胜利是由胆量创造的。勇敢行动的人，抓住了稍纵即逝的机会，凭借迎难而上的精神战胜怯懦，这是世间永恒的成功术。

不为失败找借口，只为成功找方法

人们在面对失败时，常常会表现出不同的态度。有的人怕在别人面前提起失败，感到很没面子，他们为了让自己更有尊严，会极力掩盖失败、回避失败，往往会费尽心思地去寻找失败的理由。而有的人却与之相反，他们认为面子是靠实力挣来而不是挽回的，他们会绞尽脑汁地苦苦思索是什么因素阻碍了成功，为了找到成功的方法，他们会时时提起失败，不断反思。

前一种人妄图通过给失败寻找合适的理由，进而挽回自己的面子，忘却由此造成的不爽和痛苦，却不知这样做反而会加重自己的痛苦，由此丧失了转败为胜的机会。后一种人首先考虑的是为什么没有成功，所以他们根本就顾不上考虑面子的问题，经过不断探索他们往往能走出失败的阴影，走向最后的成功，当然最终也会成全自己的面子。

可以说，绝大多数失败者都有一个明显的特征，就是可以找到失败的所有理由，而且抓住这些他们认为是无懈可击的借口不放，以此来解释为何他们没有成功。这似乎已经成为人类的一项本能，可这就是人性的弱点，是阻碍你进步的致命伤！

在现实生活中，善于从失败中吸取教训的人，会拥有一种真诚的生活态度。起码，他们对自己负责，在认真地过好每一天，永远追随美好的生活。那些不敢面对失败的人，总是为失败寻找借口，这种逃避责任的心理会让他们丧失改进的机会，最终无法与成功牵手。

信仰坚定的人，不会在挫折与失败面前低头，也不会为自己找各种借口，回避自身存在的问题。这种态度，其实是最珍贵的。承认失败，不找理由，其实就已经接近了成功。

美国西点军校中有一个悠久的传统，遇到学长或军官问话，新生只能有4种回答：“报告长官，是！”“报告长官，不是。”“报告长官，我不知道。”“报告长官，没有任何借口！”除此之外不能多说一个字。

比如说，军官问：“你认为你的皮鞋这样就算擦亮了吗？”你的第一个反应肯定是为自己辩护：“报告长官，刚才上课的时候有人踩了我。”但是，不行！所有的辩解都不能成为回答，你只能从4个标准答案中选择自己的回答。所以，你只能回答：“报告长官，不是。”军官再问为什么，最后你的回答只能是：“报告长官，没有任何借口！”

学校认为，这样的规定是要让新生意识到任何时候只有行动才是最重要的，因此，任何时候都要学会忍受不公平，只有坚持这种信念才会激发自己的潜能，真正实现说到做到。

由此看来，挫折或失败本身并不可怕，真正可怕的是缺少认真负责的态度。如果能做到像西点军校要求的那样，不为自己找借口，一心寻找改进的方法，进而实现成功的目标，那么人生就毫无艰险可言了。

通常，为自己的失败寻找借口，这些人都不承认个人能力有问题，包括某些方面存在着缺陷。不敢自我否定，其实这是缺乏自信的表现，代表着信念与信仰的缺失。在内心深处如此脆弱，经不起任何的风吹草动，又如何实现预期的目标呢？

无可否认，面对失败是件痛苦的事，因为这就仿佛自己拿着刀割伤自己一样，但不这样做又要如何？人不是要追求成功吗？因此碰到失败，要找出原因来，就好比找出身上的病因一样，以便对症医治。你应该从自身的角度去研究失败，如你的判断能力、执行能力、管理能力等，因为事情是你做的，决策是你做的，失败当然也就是你造成的。因此，你大可不必去找很多借口，推脱自己应该承担的责任。

此外，即使有些失败来自于客观因素，逃都逃不过，但是仍然不要给自己寻找失败的理由，而应朝着成功的方向努力。须知，一旦养成找借口的习惯，就等于陷入了不成功的惯性中，以后就很难有超越自我、突破困局的机会。请记住，在困难和挫折面前不要忙着找借口为自己开脱，认真寻找产生困难和挫折的原因，保证不再犯类似的错误，成功就离你不远了。

掌握驱除恐惧的步骤

因惧怕而怯懦，便畏缩不前，前怕狼后怕虎。怯懦来源于自卑，归根到底是自欺欺人的结果。如果你沉沦在恐惧当中，你将永远超越不了自己，也永远不敢超越别人。

恐惧使你对一切都缺乏自信，尤其对自己的身体、寿命恐惧更多。看到某报刊介绍某西方医学家、食品学家说吃这食品得癌症，吃那食品将诱发心脏病，于是就坚决不吃那些东西。后来看到的禁忌越来越多，应接不暇，就为此发愁，一筹莫展，无所适从。却不知那类介绍大多属于非科学的。因为过些时间又登出文章来说以前某些说法是错误的，又不知再过多长时间再说这一种说法也是错误的。

人类常常自己骗自己，自己吓自己，其实根本不知道自己。许多报刊乐意捕风捉影，制造耸人听闻的消息。因此，心性怯懦者往往上了他们的当，在生活中徒增许多不必要的烦恼。

一个平凡的上班族迈克·英泰尔37岁那年做了一个疯狂的决定，放弃他薪水优厚的记者工作，把身上仅有的三美元捐给街角的流浪汉，只带了干净的内衣裤，决定由阳光明媚的加州开始，靠搭便车与陌生人的好心，横越美国。他的目的地是美国东岸北卡罗莱纳州的“恐怖角”。

虽然有好工作、美丽的同居女友、亲友，但是这一切无法令他安睡。他发现，自己这辈子从来没有下过什么赌注，平顺的人生从没有高峰或谷底。一念之间，他选择北卡罗莱纳的恐怖角作为最终目的，去征服生命中的恐惧。

没有接受过任何金钱的馈赠，在雷雨交加中睡在潮湿的睡袋里，也有几个像公路分尸案杀手或抢匪的家伙使他心惊胆战、在游民之家靠打工换取住宿、住过几个破碎家庭、碰到不少患有精神疾病的好心人，他终于来到恐怖角，接到女友寄给他的提款卡(他看见那个包裹时恨不得跳上柜台拥抱邮局职员)。他不是为了证明金钱无用，只是用这种正常人会觉得“无聊”的艰辛旅程来使自己面对所有恐惧。

恐怖角到了，但恐怖角并不恐怖，原来“恐怖角”这个名称，是由一位16世纪的探险家取的，本来叫“Cape Faire”，被讹写为“Cape Fear”，只是一个失误。迈克·英泰尔终于明白：“这名字的不当，就像我自己的恐惧一样。我现在明白自己一直害怕做错事，我最大的耻辱不是恐惧死亡，而是恐惧生命。”花了六个星期的时间，到了一个和自己想象无关的地方，虽然苦、虽然绝不会想要再来一次，但在回忆中是甜美的信心之旅。

威廉·荷尔克姆博士说：“所有最大的病态心理，影响人类身体最凶恶者，是惧怕的情态。惧怕有许多等级或阶段，自极端失惊、恐怖或震骇情态起，下至感觉接近不幸的轻微惶恐。但是沿这条线的都是同样的东西——在生活中心的一种破坏印象，经过神经系统的作用，会在身体每一个细胞组织，发生广泛的各种病状。”

在生命的旅程中，怯懦的恐怖闪光一现，快乐就会消失。在这层死光的笼罩之下，聪明才华会随之消失，创造能力会随之死亡。所以莎士比亚说：怯懦是叛逆，使我们惧怕于尝试，失去那能够常常胜利的益处。

恐惧就像是一条精力旺盛的狗身上所拴的皮带。他们将你从前行的路上往回拉，不是偶尔，而是时时刻刻。仔细分析一般人心中的恐惧念头，你就会知道，所有的恐惧念头都一无是处。它们没有半点好处。一点也没有。他们干扰了梦想、希望、欲望和进步。

恐惧念头有时候听起来很合理："我只是比较谨慎，所以我要慢慢来。"其他时候，是受到过去的牵绊："我已经试过了，可是没有成功。"偶尔，恐惧聪明地伪装为实际。"大部人都失败了，所以开始以前我一定要有绝对把握。"这样的说法很常见。然而，当你仔细、诚实地观看每一个恐惧念头时，却有相似的蛛丝马迹可寻。他们都是在解释或为某件事行不通而辩解。他们通常是为中途而废或迟迟未开始找合理的借口。

有一个推销员，给自己设定了增加一倍收入的目标。她的"理性"恐惧以这样的面貌出现："我不能在周末打电话给客户，因为我可能会得罪他们，或是占用于他们的家庭时间。"事实上，是她不敢打电话。所以，年复一年，她都没有打成电话，总是远远落在她的目标后面。

这一天，她决定抛开恐惧，拿起电话。由于周末在家的客户更多，心情也更放松，她发现，这其实是打电话的最好时机。一旦抛开恐惧，一切都变得很简单了。她的收入不只是加倍，而是三倍。

"保持开放的心胸"无疑是一句过度滥用的话，然而生活中很少有人真的能做到这一点，相反许多人仍旧固守着陋习，在担忧中耗费宝贵的时光。

所以，应对恐惧心理的办法其实很简单，只需要勇气以及一点练习，去尝试某件可以改变你一生的事。当恐惧浮上心头时，轻轻但是坚实地将它们打发走，直到它们彻底消失为止。没有了恐惧念头的干扰，你将会发现，人生比较轻松，也比较有趣。

勇气帮你收获自信人生

当你开始一天的工作时，陪同你一起前行的，有没有最重要的一种因素——勇气，共同上路呢?

勇气是战胜恐惧的有利武器，人在遇到挫折时，如果有勇气去面对眼前的一切，就能顺利度过难关。研究表明，勇气是产生于人的意识深处的对自我力量的确信，是对自身能够战胜一切的信念。有了这种能量，我们就可以面对一切紧急状况、处理一切障碍，并能控制任何局面。

在人生的挑战面前，你如果因恐惧失败而退却，而放弃尝试的机会，则决无成功的可能。没有勇敢的尝试，就无从得知事物的深刻内涵，而勇敢去做了，即使失败，也由于对实际的痛苦亲身经历，而获得宝贵的体验，从而在命运的挣扎中，愈发坚强，愈发有力，愈接近成功。

莎士比亚说，“勇气是在偶然的机会中激发出来的”。除非你让自己时刻保持一种接受勇气的态度，否则，你不要指望自己的身上会时时刻刻体现出巨大的勇气。在就寝前的每个夜晚，在起床时的每个清晨，你都要对自己说：“我会做到的，我能行。”并以此作为自己坚定的信条，然后带着自信勇敢去前进，相信任何事情都不会拒绝你的。

外科医生相信他可以执行一个困难而危险的手术，是因为他已做了多年的准备。而如果我们能意识到，自己是某行业的专业人士，并且可以比周围的人更好地完成所担任的工作，那么我们就会极大地增强自己的勇气。

“我曾经是个战斗者——进行了很多的战斗——成为最好的一个和最后的一个！”勃朗宁说，他准备带着微笑面对死亡本身。

自信和勇气是积极的品质，而恐惧和焦虑则是消极的品质。你要么是强大有力、充满信心的，要么就是虚弱和感伤的。美国童子军的座右铭，也是他们获得成功的一个秘密，就是那几个字——“做好准备”。在严峻的局面下，希望你不甘平凡，勇敢地挑战自我，激发潜能。你可能面对不同的局面，但必须要时刻提醒自己：要为梦想去奋斗。你勇敢，困难便退却，你懦弱，困难就变本加厉地欺负你。你勇敢，就可能成功；你懦弱，则你肯定会失败。

在一个人的个性因素中，勇气是一种合成的品质。勇气不是指处理一件事情的能力本身，而是指一种如何对待这件事情的态度，而正是这种态度在很多情况下在成功和失败之间标出了一道分水岭。一个人也许知道如何去完美地处理一件事情，但是如果他用一种胆怯的、缺乏自信的方式去对待这件事的话，那么在他一开始做时也许就已经失败了一半。

勇气是世界上最强有力的精神力量。如果你以一种充满希望、充满自信的精神进行工作的话，如果你期待着自己的伟业，并且你相信你能够成就这番伟业的话，如果你能展现出自己的勇气的话——任何事情都不能阻挡你向前进，你最终必定会取得胜利。

如果你有一个不可战胜的灵魂，那么无论在你身上发生什么事，都无法影响到你。当你意识到自己从伟大的造物主那里获得源源不断的能量时，能真正影响到你的事情根本没几件。因为，无论什么事情降临在你身上，你都可以保持住你内心的平静。

在工作中间，感觉自己还没有做好充分的准备，无法胜任手头的工作，这往往是让我们感到虚弱和胆怯的原因之一。如果相信我们自身存在的巨大的潜力，会大大地增加我们的勇气，就好像低人一等的感觉会加深我们的羞怯一样。满怀信心地去依靠这种带有神秘色彩的人类潜能，无疑会给我们带来自信，带来克服所有恐惧的信心。

毋庸置疑，无论发生了什么事情，你带着微笑去面对这个世界，这需要极大的勇气。永远相信自己，不要随波逐流，这更需要勇气。所以，无论走到人生的哪一个阶段，只要你还有勇气向成功挑战，你就没有失败。只要勇气还在，你就可以立于不败之地！

第六辑

你从不缺少机会，缺少的是坚信的气度

信任是一个古老而沉重的话题。很多商机、财富、幸福在人们的观望与犹豫之中悄然溜走，原因在于，你不被人信任，也无法相信别人。因此，首先是坚信眼前的一切，然后再去行动，那么世界将会因你而变。

相信是一种伟大的力量

相信是一种神奇的力量，它可以改变人生，也可以改变命运，拥有超乎想象的能量。在许多问题上，人与人的差距可以归结为信与不信。相信自己，信赖他人，就能获得前行的巨大推力。

从前，一位父亲带领儿子出征打仗。父亲是一位将军，儿子只是普通士兵。战争的号角吹响了，父亲庄严地托起一个箭囊，箭囊中插着一只箭，郑重地对儿子说："这是我们家传的宝箭，你将它配带在身边，会得到无穷的力量，但千万不可将箭抽出。"箭囊精美，厚牛皮打制，镶着幽幽泛光的铜边儿，露出的箭尾是用上等的孔雀羽毛制成。儿子喜上眉梢，贪婪地推想着箭杆、箭头的模样，仿佛听到嗖嗖地箭声掠过。

战场上，配带宝箭的儿子英勇非凡、所向披靡。鸣金收兵的号角吹响时，儿子再也禁不住得胜的豪气，完全忘记了父亲的叮嘱，强烈的好奇心驱使他拔出囊中的宝箭，骤然间他惊呆了。一只断箭，箭囊里装着的是一只折断的箭。自己一直背着断箭打仗！想到这里，儿子吓得出了一身冷汗，犹如顷刻间失去支柱的房子，意志坍塌了，不久惨死于乱军之中。

看完这个故事，你也许会产生疑问，一只箭的力量真的有那么大吗？其实，父亲赠与儿子的并不是简单的一支箭，而是一种信念，赐予儿子力量的从始至终都是他的"相信"。那只箭和箭囊让他相信，自己才是一支箭，要他坚韧，要他锋利，要他百步穿杨，百发百中。也就是说，战场上磨砺他、拯救他的都只能是他自己。

斯通讲过这样一个故事：一位成功的商人偶遇一位落魄的铅笔推销员，顿生一股怜悯之情。他把1美元丢进卖铅笔人的盒子里，刚准备走开，又停下来，从盒子里取了一把铅笔，并对卖铅笔的人说："先生，你的铅笔不错，销路应该很好吧。"

几个月后，在一个社交场合，一位穿着整齐的推销商走过来，对斯通说："你可能已经记不得我了，但我永远忘不了你，是你重新给了我自尊和自信。我一直觉得自己和乞丐没什么两样，直到那天你买了我的铅笔，并告诉我，我是一个商人为止。"

因为他人的一句话，"推销员"找到了自尊和自信，并开启了全新的生活。从中不难看出，自信心具有多么大的威力。缺乏自信常常是性格软弱和事业不能成功的主要原因。人的一生中有许许多多的选择，但并不是每一次选择都准确无误，关键是你要相信自己的选择，热爱你的选择，坚定你的选择，用你的激情去燃烧你的梦想！相信自己，才会不惧任何艰辛。

换句话说，一个人只要有自信，那么他就能成为他希望成为的那种人。对此，居里夫人也曾说过："生活对于任何一个人都非易事，人们必须要有坚忍不拔的精神。最要紧的，还是自己要有信心。大家必须相信，对一件事情具有天赋的才能，并且无论付出任何代价，都要把这件事情完成。当事情结束的时候，你要能够问心无愧地说：'我已经尽我所能了'。"

许久以来，不知有多少伟大人物凭着超人的自信心，创造了伟大的业绩。大音乐家华格纳遭受同时代人的批评攻击，但他对自己的作品有信心，终于战胜世人。达尔文在一个英国校园中工作20年，有时顺利，有时陷入逆境，但他锲而不舍，始终相信自己能够突破眼前的困局，结果终得成功。

诗人济慈幼年就成为孤儿，一生贫乏，备受文艺批评家抨击，恋爱失败，身染重病，26岁即去世。虽然一生潦倒不堪，济慈却不受环境的支配，坚信自己会有所成。他在少年时代读到斯宾塞的《仙后》之后，就肯定自己也注定要成为诗人。于是，他一生致力于这个最大的目标，最终成为一位名垂不朽的诗人，他说：“我想，我死后可以跻身于英国诗人之列。”

斯通指出：“你自信能够成功，成功的可能性就大为增加。你如果自己心里认定会失败，就永远不会成功。没有自信，没有目的，你就会俯仰由人，一事无成。”相信自己，努力去奋斗，认准一个方向，一直往前走，不要回头，不要东张西望。相信自己，一定可以走到目的地。

只有笨人才不会相信他人

残酷的竞争使许多人心力憔悴，却无法停下前行的脚步。于是，人们内心的不安全感增加，进而对身边的人普遍缺乏信任感。不相信资源能合理分配，不相信付出就会有回报，不相信有能力就会被提升，这进一步让人变得焦虑。

显然，一个人在重压之下会失去基本的理性思维能力，进而产生种种怀疑。比如，一位基层员工多次受到不公平的待遇，但是又投诉无门，于是就会在内心抱怨、消极怠工或发牢骚，以此缓解压力。接着，他又照常工作，但是对周围的人普遍不再信任，变得淡漠起来。

因为不公、被骗所以不再信任，则会把自己推向孤立无援的境地。不难想象，当一个人不信任他人的时候，又怎能得到别人的信任呢？当你与周围的环境失去了信任关系，那么建立共同的利益，或者获得有价值的信息情报也就变得异常困难了。

珍妮是毕业后应聘于一家百货公司，她谨言慎行地挨过了试用期，与公司签订了正式合同。转正不久，珍妮便疑心经理欺负新人，总把高强度的工作安排给她，心里因此很不高兴。每次当面不敢说什么，但是当经理转身离开后，她立刻就把“笑脸”迅速翻成了“冷脸”。

为了少承担工作，珍妮开始放慢工作节奏，每次都是慢腾腾干完自己的活。慢慢地，她发现部门内一些没有明确分工的工作都分给了别人，虽然有些工作是她想尝试的。不仅如此，她还一直得不到经理的帮助和提携，无法提高业务水平。年底绩效考核时，由于业绩不好，加薪升职自然都跟她无缘。

不信任他人，必然会对周围的环境产生抵触情绪，对生活失去原有的热情，要么阴奉阳违，要么消极低落，缺乏进步的动力。习惯争辩、计较，这类消极的抵触情绪和行为，就像“慢性毒药”一般，短时间里看不出危害，但是却能够在不知不觉中，让你在生活中“泯灭”。

有一种扑克游戏，通常是两个人玩，最先把手里的牌出完的就是胜利者。玩法是，顺序摸完牌后持红桃 3 的人亮出该牌，然后由他将扑克反扣开始随意出牌。比如，他出了三张反扣的牌以后，还要报出这是什么样的牌：“三个 3！”，下家如果不相信这是三个“3”，可以边说：“不信！”边翻开验证这三张牌。如果它们确实是三个“3”，你要把这三张牌收归自己，如果翻开以后不是三个“3”，发牌者就要把这三张牌收回。如果下家相信了（或者不敢冒风险），就可以在其上放上任何数量的牌，比如：“再加上一个 3”，然后决定权转回到上家，重复前边的程序。

如果把职场比作一场游戏，游戏玩家恰好是上司和下属。出牌的过程中谁都难免会报假牌，但很多数时候彼此报出的都是真牌。上司报假牌时往往是不得已，以至最后自食其言，承诺落空。虽然再正当的理由也不能成为不正当行为的借口，可是下属的不相信也应该只针对这个回合。如果因为一次抓住了上司报假牌而此后每轮都不信，那么最后的结果必然是下属自己吞下所有的牌，成为最大的输家。

职场中的人，习惯用加薪、升职、奖金来衡量自己的付出和价值。调查结果也表明，不信任上司，绝大多数是因为原本承诺的奖励落空。但信任代表一种信念，更是一种精神力量。很多时候，与上司休戚与共的信任，在成就公司的同时也能成就自己。

人生中的许多事情都是如此，只有相信他人才能获得机会，赢得广阔的舞台。如果不相信任何人，对方一旦接收到你怀疑的信息，必然也不会与你建立信任关系，对你产生更深的防备。这种情绪化的行为如果不能被纠正，无疑会营造出一种持续紧张的氛围，让自己无法顺利打开各种局面。

或许，你会遭到他人的刁难；或许，你会受到不公平的待遇；或许，你被欺骗了许多次。但是，请你相信身边的人，用友善的态度去沟通，经过一段时间的交流、历练，自然能甄别出好与坏、利与弊，到那时再去选择适合你的人际关系也不晚。一开始就相信他人，等于打开了通往外界的大门，而不相信他人则是笨人的选择。

只要值得，就去“试一试”

美国有一句谚语：“勇气喜欢跟利益联姻。”美国人的冒险精神，由此可见一斑。崇尚“风险越大收益的绝对值越大”的经济学原理，在商业经营中喜欢冒险获取利润，是美国人的特点，也成就了他们创新制胜的商业文化。

没有冒险，巨大的成功来得总是太慢，利润越高风险越大。因此，大凡成功者都有某种程度的赌性，“不入虎穴，焉得虎子”是他们创造机会的最佳写照。

那些事业毫无起色的人，通常都有这样的念头：“我这个想法绝对可以挣大钱，但以我现在的实力，实现起来很困难，根本就不可能成功。”而成功的弄潮儿总是这样看问题：“没有什么不可能，不管怎么样我也要试一试，光说不练就是‘思维的巨人，行动的矮子’。同时也就选择了与成功擦肩而过，留下的是终身的遗憾。”

想做什么就要敢于去做，不能瞻前顾后，畏首畏尾，否则绝不会有大的收获。遇到一个机会的时候，那就去试试看，虽然你可能遭遇到失败。但是，不敢试或者不去试，绝对预示着成功无望。因为无论多么可喜的成功，第一步往往踏在“试试看”的跳板上。

试试看往往是一种开始，一种转机。试试看是对旧我的扬弃，对未来的宣言；试试看通常是战胜自卑、大胆参与、走向成功的阶梯。没有试试看的胆识，也就选择了与成功擦肩而过，留下的是终身的遗憾。人的一生总会面临很多机遇，但机遇是有代价的。有没有勇气迈出第一步，往往是人生的分水岭。

有一个登山队，在攀登珠穆朗玛峰的途中遭遇到了罕见的暴风雪，恶劣的天气不仅把他们困在了半山腰上，也阻断了他们和外界的通讯，而且随时可能有致命的雪崩发生。在登山队小小的帐篷里面，大家一起商议如何应付这种情况。队员们有主张原地守候等待救援的，有主张派人出去寻找帮助的，队长只是默默地听着大家的意见。

最后，队长大声地说：“我们不可以呆在这里，呆在这里虽然暂时安全，不过这种天气救援队来的可能性太小了。一旦给养消耗光，我们就一点生存的希望都没有了。我们必须出去自己找路。危险到来的时候，行动是惟一的出路。我们只能靠自己！”一行人再次启程，与暴风雪搏斗了整整8个小时，终于找到了一家补给站，逃脱了全军覆灭的厄运。

几天以后，天气转好，登山队一起出发，这次终于顺利地登上了峰顶。

“危险到来的时候，行动是惟一的出路。我们只能靠自己！”是的，的确如此。恐惧其实是一个很容易战胜的东西，关键的是你要勇敢地往前走一步。行动可以治疗恐惧，但并不是所有人都明白这个道理。很多人应付恐惧的常用方法就是“不做”或回避，这样永远也不能成功。克服恐惧的最佳办法，就是立刻行动起来。不管干什么事，只要有了目标，就立刻进入状态。这就像写作、绘画时需要的灵感，必须在进入状态之后才能产生。不写、不画，不进入创作状态，哪来的灵感。

有一位幽默大师曾说：“每天最大的困难是离开温暖的被窝，走到冰凉的房间。”他说得不错，当你躺在床上认为起床是一件不快活的事，它就真的变成一件困难的事了。但是，你只要准时掀开被子，形成习惯或自动反应，起床就会变得极其简单容易了。一件看似无从下手的事情，只要动手去做，很多困难也就迎刃而解了。行动可以治疗恐惧，也可以带来勇气和力量。要想成就梦想，就必须有所行动。

勇敢地迈出行动的步伐，自然会在执行中增强自信心，而犹豫只会带来恐惧。有些人做事拖拉，其实是内心胆怯，不敢去尝试，而克服这种缺陷的惟一办法就是立即行动。就像一个站在悬崖上准备蹦极的人，拖得越久越害怕，越久就越没有信心。勇敢去做，至少还有成功的希望，如果呆在原地不动，那么你就注定是一个失败者。

打开虚掩的门

机遇经常是伴随勇气而诞生的，如果你没有胆量去尝试，即便机遇降临，也不会获得它的垂青。正所谓“不入虎穴，焉得虎子”，勇于闯入某些禁区，你才会摘到特别的果实，才会发现新大陆，走在别人的前面。

事实上，机遇背后经常隐藏着风险，稍微不慎不仅会丧失机遇，而且还会把自己的前途葬送掉。但是有勇气的人不畏惧风险，而愿冒风险的人往往有机会得到更好的回报。多一点坚信的勇气，去打开虚掩的门，你会发现一个新世界。某公司员工讲述了一个在他职业生涯中的离奇故事：

一天，总经理在全体员工大会上宣布："谁也不要走进8楼那个没挂门牌的房间。"但他没解释为什么，员工都牢牢记住了总经理的叮嘱。

一个月后，公司又招聘了一批员工，总经理对新员工又交代了一次。

"为什么？"这时有个年轻人小声嘀咕了一句。

"不为什么。"总经理满脸严肃地答道。

回到岗位上，年轻人还在不解地思考着总经理的叮嘱，其他人便劝他干好自己的工作，别瞎操心，听领导的吩咐。但是，年轻人打定主意偏要走进那个房间看看。

找到一个合适的时机，他轻轻地推开那扇虚掩的门，只见里面放着一个纸牌，上面用红笔写着——把纸牌送给总经理。这时，闻知年轻人闯入那个房间的人开始为他担忧，劝他赶紧把纸牌放回去，大家会替他保密，但年轻人却直奔总经理办公室。

当他将那个纸牌交到总经理手中时，总经理宣布了一项惊人的决定——"从现在起，你被任命为销售部经理，相信你能胜任这份工作。"总经理充满自信地说。果然，年轻人把销售部的工作搞得红红火火。

这个故事告诉我们，当机遇降临时，勇气是相当重要的。成功需要勇气，有勇气的人才敢去冒险，敢冒险才能捕捉到更多的成功机遇。冒险精神是每个人应当具备的优秀品质。每个人，都应当勇于为了达到自己的目标而冒一定的风险。天下没有免费的午餐，要得到想要的东西，必须付出相应的代价去换取。

事实上，机遇的背后隐藏着大大小小的风险，如果你能够积极地面对它，就有可能消除风险，超越自己；如果因怕遭受挫败而刻意躲避它，显然不会遭遇风险，但可以肯定的是，这也永远不能从风险中获得成功。

当然，必须明确一点，这里所说的冒险并不是不顾实际情况而一味地蛮干，而是既要有勇，又要有谋。如果不知道动脑筋，盲目地去拼去闯，那是逞一时的匹夫之勇，最终可能会撞得头破血流。具体来说，在付诸行动之前，应该客观地评估自己的能力、所处的环境以及想要得到的东西对自己的重要性，同时还要对猎取对象进行充分了解，只有知己知彼，才能百战不殆。

如果你安于现状，是个略显保守的人，虽然也能够取得一定的成功，但成就大事业的可能性就相当低了。如果你心怀勇气，是个有胆量、敢于冒险的人，经过一番苦心经营，必定可以成为某一领域的佼佼者。

有勇气的人不怕风险，而愿冒风险的人往往有机会得到更好的回报。当你考虑需要鼓起勇气做某些事情的时候，不妨客观地做个风险和回报的衡量。一般来说，风险有多大，成功的机会就有多大。在遵循客观规律的基础上，加上个人努力，力争从风险中获得效益，常常可以收获令人意想不到的成果。

总之，渴望成功又怕担风险，往往就会错失良机，因为风险与机遇是结伴而行的。在这个竞争日趋激烈的时代，如果不敢冒险，不敢融入竞争大潮的洪流当中，就无法与机会相遇，也无法创造成功。因此，成大事的人通常都具有强烈的竞争意识和冒险精神，一旦看准时机，就大胆付出行动，全力以赴，最终顺利驶向成功的彼岸！

眼睛看到的不一定对

俗话说："耳听为虚，眼见为实。"多年来，我对此没有丝毫怀疑。但是，随着年龄增长，再结合身边的一些事，我逐渐发现，眼睛看到的也不一定对。这就要求我们，不要轻易怀疑某些正确的东西。

从别人那里听来的，或多或少都带着别人的观点和看法，难免会影响自己的感受，而亲眼目睹就不同了，事情经过都是真实发生，经你的眼睛传递到你的大脑，应该不会有错吧？其实不尽然。

多年前，在德国汉堡，有一对年轻人结婚了，婚后太太因难产而死，留下一个孩子。丈夫忙于生活，又忙于看家，因为没有人帮忙看孩子，他就训练了一只狗，那狗聪明听话，能照顾小孩，咬着奶瓶给孩子喂奶，抚养孩子。

有一天，主人出门去了，让狗照顾孩子。他到了别的乡村，因遇大雪，当日不能回来。第二天，他刚回到家，狗立即闻声出来迎接主人。打开房门，他大吃一惊，只见到处都是血。主人以为狗性发作，把孩子吃掉了，大怒之下，拿起刀就把狗杀死了。

这时，忽然传来孩子的哭声，主人循声从床下抱起孩子，孩子虽然身上有血，但并未受伤。主人很奇怪，不知究竟是怎么一回事，再看看狗身上，腿上的肉没有了，旁边有一只狼的尸体，口里还咬着狗的肉。狗救了小主人，却被主人误杀了。

看过这个故事，眼见为实仿佛不是完全正确，因为你所见的也许并不是事情的全部，而是其中的一个片断或一个场景，依靠这片面的真实去推断整件事情的真伪，还是不够客观和全面。

比如提起大人物，人们脑海里往往会浮现出这样的场面：他们身边有下属或随从前后簇拥，讲话时居高临下面无表情，匆匆前行躲避着蜂拥而至的记者。其实，这样的大人物并不是事实的全部。有些大人物表面上看来与常人毫无二致，但是一经接触我们就会立刻感到他们内心的“大”，被他们内心的“高大”所感染。而那些表面强大的大人物只能是让人敬而远之，阳奉阴违，甚至嗤之以鼻，他们最终往往会变成高处不胜寒的寂寞大人物，或者是可怜的大人物。

某一天，一对老夫妇走进哈佛大学的大门。老太太穿着一套褪色的条纹棉布衣服，而她的丈夫穿着一身布制的便宜西装。夫妇两人没有事先约好，就直接去拜访哈佛大学的校长。

校长秘书看着这对老夫妇寒酸的衣着，在片刻间就断定这两个乡下佬儿是根本不可能与哈佛大学有什么业务往来的。几个小时过去了。这期间，年轻的秘书一直没理他们，她希望这对乡下佬儿能够知难而退，自己离开。可是，他们一直坐在大厅里等着。

秘书终于决定通知校长，校长出于礼貌还是不耐烦地同意了。

老太太告诉校长："先生，我们有一个儿子曾经在哈佛读过一年书，他很喜欢哈佛，他在哈佛的生活很快乐。但是就在去年，他出了意外不幸离开了我们。我丈夫和我想在校园里为他留下一座纪念物。"校长并没有被老太太深切的话语所感动，反而觉得她的想法有点儿可笑，便有些不耐烦地说："夫人，我们不能为每一位曾读过哈佛而后去世的人建立雕像的。如果这样做，我们的校园就会变成墓地。"

老太太平静地说："校长先生，您误会了，我们不是要竖立一座雕像，我们想给哈佛捐建一栋大楼。"

校长打量了一下眼前这对寒酸的老夫妇，然后以不屑地口吻说："你们知不知道建一栋大楼要花多少钱？我们学校的建筑物都超过了750万美元。"

听了校长的话，老太太没再说什么，老太太转身对她丈夫说："亲爱的，只要750万就可以建一座大楼！那么，我们为何不建立一座大学来纪念我们的儿子呢？"

于是，斯坦福夫妇离开了哈佛，来到加利福尼亚州，在哪里建立了斯坦福大学，以此来纪念他们的儿子。

哈佛大学的校长看到斯坦福夫妇穿着简朴，便将其视为一对寒酸的乡下老人，他就是以外表的作为判断人物的标准，从而犯了一般人常犯的错误。作为名人的哈佛大学校长没有放低自己的身价，而是以俯视的眼光来对待斯坦福夫妇，无疑显得有些愚笨。

所以，许多事情不是我们想象的那样，要冲破假象的束缚，发现美好的前程与未来。当困难横亘在眼前的时候，当磨难降临的时候，不可把它们当做你人生的一种常态，你要坚信日子总会好起来，尝试着让自己看到希望。当一个人的心向着美好的目标跳动时，好运自然也会降临，更重要的是有你的努力和奋斗，机会自然向你敞开大门。

别轻易对任何事情说“不”

宁折不弯虽然是做人的一个原则，但是，忍辱负重却是为人处世的一种智慧。当然，忍也要有一定的度，一味地忍耐并不是具备大智慧的表现，而是懦弱的象征。历史上大凡有智慧的人在面临危险时，都能从大局考虑，以忍耐化解险情，保存实力，然后再伺机而动，取得胜利。

今天的年轻人好像对“不”字很感兴趣，认为这样才能体现出自己的个性和能力，或者让他人感受到自己强势的一面。“不”说起来的确很痛快，但是生活毕竟不是为了一时的惬意。懂得发现表象之后的东西，用接纳的态度对待身边的人和事，会有意外的惊喜。

生活中，有时事情可能按照我们的意图进行，但更多时候并不完全跟自己的想法一致。假如这个时候仍然一意孤行地坚持自己的观点，一味否定他人的观点，那么事情将很难圆满地进行下去；倘若这个时候能够适当地接受他人的观点，等日后再慢慢将自己的想法渗透进去，这样不仅能顺利推进事态的发展，而且最终能迎来良好的预期效果。

一位公司的管理者曾对他的下属说：“我个人要作出很多决定，并且还要批准他人很多决定，实际上只有40%的决策是我真正认同的，剩下的60%是我有所保留的，或者说我认为还过得去的。”这位年轻的下属听了上司的话，感到非常惊讶，倘若上司有不同意的事，完全可以不必征求他人的意见，一口否决不就行了？

这位管理者看着年轻的下属，微微一笑："我不可以对任何事都说不，对于那些我认为还过得去的方案，大可在执行过程中加以指导，使它们逐渐回到我所预期的轨道上来。一个领导人很多时候应该接受他不喜欢的事，因为谁都不喜欢被否定。公司是一个团队，并不仅仅是我一个人的公司，需要大家群策群力，妥协有时候能够使公司更加强大，人际关系变得更为融洽。"

事实上，当人们遇到一时难以解决的问题时，以忍耐应对当前的屈辱与刁难是最理想的方法。这位管理者懂得在什么时候，什么场合，保留自己的意见，接受下属的意见，并能够在适当的时候将自己的意见悄悄渗透到大家的方案中。如此，员工既感受到来自上司的尊重，同时也不会使公司的发展方向脱离领导层的控制。这种暂时的妥协其实是一种高深的领导艺术。

很多人都无法体会到忍耐的好处，取而代之的是冲动、过激的行为。其实，适时地忍耐一下，以退为进，可以改变局势，转败为胜。林肯说得好："与其为争路而让狗咬，不如给狗让路。被狗咬伤后，即使将狗杀死，也不能治好受伤的伤口。"

但在生活中，人们常常强调自己的强势，认为这样做才能将自己的战略意图不折不扣地执行下去，可事实却是完全相反。你的强势在表面上可能起到一定的震慑作用，但是事情毕竟还要一步步执行下去，大家在执行的过程中往往会有意无意地打一些折扣，最终执行的结果经常会与当初的设想相去甚远。很多情况下，适当地妥协是一种拉拢人心的好办法，只有人们朝着共同的方向努力，计划才能不折不扣地完成。因此，不可以对任何事情说"不"，因为妥协也是成功的重要因素之一。

所以，遇到过激事件时，要懂得退让，避免和对方针锋相对，把矛盾激化，否则必将带来严重的后果，无法收拾局面。仔细想来，生活中因不能克制自己的情绪，为一些小事而争吵、谩骂、动手打架的情况时有发生。一句不恰当的话，一个无意识的举动都可能成为引爆一场口舌大战或拳脚演练的导火索。相信他人的善意，以合作的姿态去处世，才容易赢得合作的机会，拓宽发展的空间。

从根本上说，一个人的生活哲学、人生信仰决定了他的生活轨迹。懂得用接纳的态度建立合作关系，在肯定中建立互信，其实是一种极其高明的智慧。有时，妥协看似弱小，其实是一种强大，并孕育了胜利的希望。

相信自己，一切皆有可能

只有自信的人，才能真正站到自我实现的舞台之上。这样的人面对金钱、权势、名声、地位等耀眼的镁光灯，能镇定自如地表现自己，不断超越，迈向颠峰，成就丰满真实的完美人生！

这个故事发生在印度，有一个人小时候头脑迟钝，资质平平。开始学习梵文时，他感到特别吃力，尤其是学语法，同班同学轻轻松松就学会了，而他虽然花费了许多的时间，仍然像没学过一样，毫无长进。他一度悲哀地认为自己永远也学不会语法了。

一天，老师提问他背诵学过的语法。他竟一点也背不出来。老师气坏了，狠狠地训斥了他一顿。他完全丧失了信心，干脆不读书，甚至连学校也不去了。他心里想：看来我命中注定不是块学习的材料。从此以后，他无所事事，到处游逛。

有一次，他来到一个湖边的小码头上，码头是用很坚硬的石头砌成的，十分坚固。他走过去，坐在上面，忽然发现光滑平整的石头上竟然有一个坑，圆圆的。他很纳闷：为什么这里会有一个小石坑呢？

这时，一位妇女提着水罐走了过来，把水罐打满水后放下水罐休息了一会儿。他被一个现象吸引住了：水罐正好严丝合缝地放在了石坑里。

他感到很好奇，于是就问那位妇女："这是石匠专门凿好，用来放水罐的吗？"

"才不是呢，是天长日久了，水罐磨出的石坑。"妇女说着，把水罐顶在了头上慢慢离去了。

他惊呆了，暗暗地想：既然这么坚硬的石头都能被水罐磨出坑，那么经过持久而刻苦的努力，难道我这个愚蠢的脑袋就不能变得聪明起来吗？心里重新燃起了希望，他立即站起来，回到了学校，找到了老师，下定决心用功学习。奇怪的是，同样的语法，以前看起来就像一座大山，今天看来好像一口清水，一下子就喝下去了。不管学习什么课程，不管有多大困难，他如有神助，很快就能背熟，还能很快理解。他那过去像石头一样的脑袋竟然真的开了窍。

他就是鲍勃·德瓦，后来，他终于成了一位著名的语法学者，关于语法学问题他还写了一本书。至今，学习梵文的人通过学习他的这一著作就能够较快地领会。

看到这里，你也许已经明白，自信对一个人何其重要。有人说，乐观自信是超越自我的调温器，一个乐观自信的人，很容易踏上成功之路。而随意贬低否定自己则是一种消极的力量，它常常使人走向失败之途。所以说，乐观自信是一个人加强自身修养、提高生活质量的一种巨大的精神力量，同样也是能够生活得好的保障之一。

古希腊人说，天底下没有两片相同的树叶。在这里可以作个引申，天底下更没有两个完全相同的人，每个人都要相信自己是独一无二的，因此我们要认识到自己作为一个独立而特殊个体的存在，要相信自己，尊重自己。

艾莉诺·罗斯福说过："没有你的同意，谁都无法使你自卑。自信是一个循环。如果你表现出足够的自信，别人就会认同你的自信，你就会因此而越来越自信。"

一些人之所以缺乏自信，甚至过敏和自卑，就在于对自己有了过高的、不切实际的期望。有了愿望却总是无法实现，有了目标却总是达不到，就会一次次地打击信心，甚至迁怒于别人，怨恨社会。事实上，他们只要降低期望，把目标订得触手可及，多几次成功，就能够把心态纠正过来。

当然，自信不等于自满。自满是盲目的自负，是生活和工作的包袱，是导致失败的因素。自信是建立在坚实的知识基础上的科学思维，不是毫无根据的自以为是。因而说，自满不可有，自信不可无。要想超越最好的自己，就必须对自我有一个清醒的认识，从而制定一个适合自己发展的目标，为成功缔造稳固的基础。显然，一个连自己的优缺点都不知晓的人，是无法调动自身潜能，并有重大作为的。

第七辑

积极的自我暗示造就成功的人生

人与人之间本来只有很小的差距，为什么现实中却出现成功与失败、幸福与不幸的巨大差异呢？在很大程度上，这是积极心理暗示与消极心理暗示作用的结果。因此，在潜意识中注入积极的信念，发挥心理暗示的正向作用，就能发挥信仰正能量，造就成功的人生。

黑暗中与另一个自己相遇

信念，是成功的起点，是托起人生大厦的坚强支柱！一个人有了坚定的信念，就会激发出无限的潜能，从而创造生命的奇迹。

人类最大的敌人是自己，是内心的消极、恐慌和畏惧把自己打败。这些消极的心态时刻提醒着我们："你不会富有，不会成功！"因此，遇到挫折、失败的时候，多用积极的自我暗示，放弃失败的念头，命运才会有转折。

病痛缠身对每一个人来说都是很痛苦的，然而12岁的露西却不幸患上了一种神经系统的疾病。病痛使她原本健康的身体日渐衰弱，甚至无法正常走路，即使是一些简单的动作也无法自己完成，医生对她的病情能否痊愈也近乎绝望，他们预测露西的余生都将在轮椅上度过。但是这个坚强的小女孩并不畏惧，她躺在医院的病床上，向任何一个愿意倾听的人诉说，终有一天她一定会像正常人一样站起来走路。但是每一个听到她誓言的人都不抱有太大的希望。

经过一段时间的治疗，露西被转诊到一所位于旧金山的复健专科医院继续接受治疗，所有适用于她的治疗法都用了，医师被她不屈的意志深深折服，他们教给露西运用想象力治疗，想象着自己走路。如果想象不能发挥效用，至少能带给她希望，使她不会消沉下去，能有一些积极正面的影响。面对各种治疗方法，露西都会竭力配合，躺在床上时她也会做想象的治疗，想象自己能行动了，然而每次带给她的都是失落。但是露西并没有对自己失望，仍旧每天坚持练习想象治疗。

功夫不负有心人，经过露西长时间的想象治疗，终于有一天，她再度竭尽全力想象自己的双腿能运动时，奇迹真的发生了！与此同时，床也竟然动起来！床开始在房间里到处移动！她激动的大叫："看看我！看啊！我动了！我终于可以动了！"

然而就在这时，医院里每一个人都尖叫起来，人们纷纷寻找遮蔽物躲藏起来。到处都是尖叫声，器材也掉下来了，玻璃也碎裂了，医院里一片嘈杂。原来，地震了。正是这次偶然的大地震让露西站了起来！而且不过几年的时间，她就痊愈了。不久，露西重新回到了学校！

一次偶然的事件造就了一个奇迹，这对露西而言是一种幸运，但是更重要的还是她自己内心的无限潜能！如果没有一直不懈的努力与坚持，她也许要靠轮椅度过余生，然而正是有了内心那一份信念，以及由此激发出的无限潜能，才让一个生命重新焕发了生机。

每个人都渴望成功，那么成功有无"秘诀"？这里，我把一个巨大的"秘诀"告诉你：任何成功者都不是天生的，其根源在于开发出了自身无穷无尽的潜能。我们要怀着积极心态去发现另一个自己，让无限的潜能爆发，从而获得无穷的力量。相反，如果抱着消极心态不放，不去开发自己的潜能，只能叹息命运不公，甚至会由此沉沦下去，从此一蹶不振。

或许有人疑问，失败、贫困不是我们想要的，但为什么总是萦绕在左右。原因在于，你总是想象这些负面的东西，并在潜意识中认为自己本该如此。所以，富有往往不会来到你身边。只有坚信"我是坚强的、充满精神的、成功的"，它们就像一粒种子深深的埋在心里，产生巨大的力量，激发出生命的潜能，帮助我们创造奇迹！

由此看来，积极的心理暗示与想象会激发出无限的潜能，将积极的想象视为我们生活中真实的存在，一个人就能真正意气风发地上路，走出暂时的失败、穷困，奔向光明的未来。

在潜意识中植入积极的信念

每个人都有特定的思想、理念，这些想法会影响我们的判断和生存状态。将积极的信念植入内心，按照自己制定的计划行事，无论遇到任何困难都能去改进、纠偏，那么生命的艰辛就会少一些，不良的情绪就不会占据我们的内心。这，其实就是成功的潜质。

缺乏自信和妄自微薄的人永远不会得到成功的青睐，因为胜利永远属于了解内心需要，并为那份信念坚持到底的人。须知，成功者的字典里没有“不可能”这个概念，只有“我能行”的气魄。

英国有一位顶尖的保险业务经理，他对员工要求很简单，就是每天早晨上班之前，先在镜子前面用几分钟时间仔细审视自己，并且不断告诉自己：“你是全公司最棒的保险业务员，今天你就要用实力证明这一点。”

这位经理带领的每一位团队成员在出门拜访之前，都以这一段话向同事告别：“我就是公司最棒的员工，今天我要向人们证明这一点，加油！”

结果可想而知，在这位顶尖经理的带领下，所有的员工一起努力，创造了保险销售奇迹，不断刷新着自己的纪录。

分析上面这个故事不难发现，这位经理的聪明之处在于，在员工的心中植入了积极的信念，通过潜意识中蕴含的无穷力量激发大家的干劲，从而实现了团队能量的爆发，以及业绩的增长。

生活中，潜意识无时无刻不再发挥着影响。消极的自我暗示就像一堵墙，阻挡着我们走向成功，而积极的信念则能有效调动潜能，把一个人推向成功的巅峰。为此，我们要有意识地运用这种力量，集中身心挖掘未知的能量，从而创造非凡的人生。

在我们身边，有太多的人遭遇了一次失败就产生放弃的念头，只有很少一部分人会继续下去。还有很多人根本没有开始，就向命运选择了投降，不用多说，在这样一群人中不可能会出现奇迹。可悲的是，他们让自己的潜能酣睡，让生命白白浪费掉。

对那些现在还过着乏味人生的人们，是时候猛醒了，一定要正确地挖掘和利用潜能，在潜意识中植入积极的信念。具体方法是，学会正确诱导，逼迫自己逃离优越的生活，在实践中多练习，善于学习新的方法。

第一，正确的引导。喜欢攀比是人的本性，追求更好、更强是我们生命意识中的根本需求。正确的引诱可以激发出人的无限潜能，从而获得奋进的力量。

第二，适度的逼迫。人本身就是一个矛盾体，既想要取得更大的成功，又不想付出努力，有着安于现状、得过且过的惰性。能够主动出击的人少之又少，大部分人需要鞭策，而“逼”就是最好的办法。往往恰到好处的逼迫也能够激发出自身的潜能。

第三，多多练习。练习是激发个体潜能的好方法，多练习一些为激发潜能而设计的测验、训练、推理等。这样就能在不知不觉中把潜能一点点地开发出来。

第四，善于学习。学习是开发以及利用潜能最好的方法，学习知识可以丰富我们的想象力，从而激发出生命的潜能，迎来创造奇迹的可能。

当你遇到挫折的时候，当你无法突破自我的时候，不妨按照上面四个要求勤加练习，尝试着发现内在的潜能，获得非凡的人生。

精神是人生的雕刻师

人最伟大的地方，在于丰富的精神世界，那里有一个强大的自我，以及另一种人生的可能。生活中，每个人都需要构化一个充满希望的精神空间，那里存放着信念、理想、期望。有了这些富含生命力的东西，我们的人生才不会过于单调乏味，遇到风雨的时候才能多一份温暖的安慰。

那些工作、生活寡淡，人生活力不足的人，其精神世界大多也是贫乏、苍白的。他们不懂得反省，不善于改变，因此总是听由命运的安排，失去了生活的主动性。精神的匮乏，让现实的人生失去了色彩。

精神是我们人生中最重要的一笔财富，如果一个人、一个团体、一个公司树立了自己的理想和信念，那么他们必将会战胜一切困难勇往直前，将宏远的目标变成现实。

当我们仰望蓝天看到在天空中翱翔的飞机，就会想到莱特兄弟——飞机的发明者。在他们心中，很早就有一个飞行的梦想，为了这个梦想他们一直在努力，终于在 1900 年制造了第一架飞机。虽然仅仅飞行了几米，但是这却给了莱特兄弟极大的鼓舞。

接下来，他们对原来的飞机进行了改进，使之飞上了百米高空。但是这种飞机仅限于起风的天气才能使用。一次偶然的机会，莱特兄弟想到如果把发动机装在飞机上，那么飞行就能不受风雨的限制了。此外，还有许多问题摆在他们面前，比如发动机有毛病，螺旋桨不合格，驾驶技术存在缺陷，等等。不过，他们在强大精神力量的鼓舞下，始终坚持研究、实践。

三年过去了，飞机研发仍然没有根本性的进展。一天，莱特兄弟听说一个叫兰莱的人发明了一架飞机，在试飞时坠入大海。他们立即寻找失事飞机的残骸，并进行深入调查，最终获得了宝贵的经验。在此基础上，他们对飞机进行了改进，最终让它翱翔在蔚蓝的天空。

莱特兄弟研制飞机的过程历时 26 年，其中经历了无数次失败，克服了常人难以想象的困难。期间，正是强大的精神力量支撑着他们坚持下来，最终取得了巨大成功。

由此看来，坚持心中的那个理想，那份信念，凭借精神力量的指引，任何困难都不能阻挡我们前进的步伐。精神，是人生雕刻师，是命运的总导演。积极的精神带给我们无限的力量，促使我们离成功更近一步。

一个人彻底倒下，往往是精神坍塌的结果。如果精神上不再有自信，或者放弃了必胜的信念，那么必然失去前进的动力，彻底走向失败。实际上，内在的精神力量，是生命意志的表达，是强大心理的基础，有了这份能量，任何苦难、失败都不用畏惧。

精神在人生路途中如此重要，那么该怎样获取强大的心理优势呢？下面我给出了大家几点建议，希望对那些迷茫的人有帮助。

第一，首先要树立远大的理想，设定一个清晰的目标，并且为此一直坚持下去。

第二，不要害怕失败，它只不过是对我们精神、心理上的考验，努力从失败的阴影中走出来，你会发现没什么可畏惧的。

第三，时刻反省，想想自己存在那些不足的地方，并及时去改正，就能每天进步一点点。

第四，无论面对怎样的境遇，都要坚守自己的精神家园，因为那里存放着生命的希望与最后的机会。

人活着，总会有一点精神追求。关键在于，要有向上的努力，能够走出黑暗的角落，不被失败击垮。能够做到这一点，你就掌控了自己的命运，你的人生就能成为一件艺术品，吸引更多人驻足观望。

发挥心理暗示的正向作用

所谓心理暗示，就是一个人受到外界影响，进而产生观念、情绪等方面的特定反应，在心理上形成某种倾向。实际上，它无时无刻不在发挥作用，可以让人处在失落与郁闷当中，也能让人沉浸在乐观与开心当中。

心理暗示不仅能带来特定的感受，还能左右人们的成败、兴衰与荣辱。看看我们身边的每一位成功人士，就会发现在他们身上都有着一份同样的特质——善于总结以前的经验，从中吸取教训，获得正向的暗示。而那些失败的人，大多有着消极的心理暗示，所以总是沉浸在苦闷、落寞中，无法与成功牵手。

在美国的田纳西州，有一座刚刚修建起来的工厂，这里的工人大部分来自附近的村庄。他们习惯了在开阔的田间劳作，因此对于长时间呆在封闭的车间里工作极不适应。大家感觉车间里的空气少，或者无法看到大自然里的花草，因此精神紧张、焦虑，工作效率也一直提不上去。

后来，厂方想出了一个很好的方法——在车间的窗户上系上一条条的轻薄丝巾，丝巾在窗口飘动着，表明窗外的新鲜空气正涌进来。工人们看到这一幕，心中的那种顾虑慢慢消除了，工作效率也随之提高，工厂的利润自然大幅提升。可以说，工厂正是运用了心理暗示的策略，解决了工人效率低下这个现实问题。

由此可见，心理暗示无时无刻不在影响人们的生活、工作，懂得用积极的暗示刻画成功的自我，能激发我们的潜能，在自我肯定中带来良好的激励效果。“你做的很好，但是你一定会做得更好的”，平时对自己说一些这样的激励话语，有助于消除失败的情绪体验，增加成功的几率。

在世人成功的众多品质中，没有比自信更重要的了。说到底，自信就是积极的心理暗示，即相信自己可以做到，做得更好。当一个人不断地提示自己某种正向、积极的东西，必然会在行动上朝着这个方向靠近，从而在潜移默化中梦想成真。

发挥潜意识的力量，通过积极的自我暗示提升信仰的正能量，是许多人成功的重要原因。生活中，掌握积极的自我暗示技巧，是提升幸福感、成功率的重要手段。有关正向心理暗示的方法，我建议大家牢记以下的几个原则：

第一，激励术语力求简洁。给自己制定精神标语的时候，要注意简单并富有激励作用，例如“我一定会成功的”。

第二，建立起积极的心理暗示。这一点是非常重要的，如果你的心中一直想的是“我不要受穷”，那么“受穷”这个消极的字眼就会始终成为成功道路上的阻碍。因此，摒弃消极的心理暗示，才能获得强大的能量。

第三，树立坚定的信念。这就要求我们为自己制定一个切合实际的目标，既不要树立的太低，更不要脱离实际。

第四，形成一定的观想。经常默诵或者朗诵自己定下的目标，在脑海中清晰地闪现出理想中的情境，构化成功后的自我，就容易慢慢接近目标，否则你会觉得成功离你很远。

第五，要有丰富的情感。一个人内心情感世界丰富，才能自我感化，倾注全力去奋斗。默念自己的目标，把所有的感情倾注进去，自然容易收到“心想事成”的效果，从而有助于发挥潜意识的影响力。

实际上，当一个人的心智处于暗示状态的时候，其内心会自动打开大门，主动接受外来的信息。结果是，我们的内心会变得很强大，并出色地完成自我规划。有了这种心理暗示，就能引导自己在行动上更加积极主动地去落实，最终迎来成功的时刻。

总之，心理暗示是发挥潜意识能量的最好方法之一。只要运用得当，就能让自己倾听内心的召唤，按照特定的方式去完成某一件事。通过持续的心理暗示，我们可以不但获取奋进的力量，让自己离成功越来越近。

重复暗示的力量

达成某一个目标，往往要克服许多苦难，跨过许多坎坷。为此，必须借助坚强的意志力应对各种挑战。迎难而上的努力过程中，需要重复暗示自己，才能在坚信中有更多坚持下去的勇气。

意志力可以让我们成为佼佼者，就像强健的肌肉可以使狮子称王一样。维克多·雨果曾经说过："人们并不缺少力量，他们缺少的是意志。"由此可见，通过重复暗示获得坚强的意志力是多么重要。

1880年6月27日，海伦·凯勒出生在亚拉巴马州北部的一个小城镇。然而不幸的是，一岁多的时候她被一种叫做猩红热的疾病夺去了视力和听力。殊不知，后面还有更大不幸接踵而至，不久她又失去了语言表达能力。

面对黑暗、寂寞的世界，换做任何一个人，恐怕早就崩溃了。但是，海伦·凯勒并没有放弃。她在老师的教导下，用坚定的意志力努力克服了自身缺陷造成的痛苦。渐渐地，她学会了读书，学会了写作，成为一个学识渊博的人。

随着时间的推移，海伦·凯勒的名字传遍了全美国。有了声望和地位后，她把自己的一生献给了盲人的福利和教育事业，并且得到了全美甚至全世界人的赞扬。海伦在面对生命的挑战时，选择了坚持。她在心中一次又一次地告诉自己："你一定可以的，坚持下去，不要放弃。"海伦正是靠着心中的重复暗示，一次次走向了成功。

有信仰的人，会为了这份价值追求不懈奋斗，即使遇到苦难，也会选择坚持下去。在坚持的过程中，他们会采用重复的心理暗示策略，鼓舞自己会熬到胜利。如果在生活中经常重复这种思想，它就会在脑海中留下深刻的印记，成为一种强大的信念，从而让我们的意志更加坚定，让抗压能力更强。

水之所以能够煮沸，是因为重复加温的结果。如果烧到了 99 度就停止加热，那么这壶水仍然是温水而不是开水。同样的道理，一句话、一个表情反反复复出现在我们生活中，自然容易在潜意识中输入一个程序。因此，学会积极的自我暗示，并通过不间断地重复鼓励自己，就能成就坚强的意志力，造就成功的人生。

有研究表明，失败者往往比成功者更为聪明，但是失败者之所以失败，是因为他们不愿意坚持到底，不想重复一个信念。与此相反，成功者由于坚持到底，不断的重复积极的心理暗示，由此产生了克服一切困难的力量。

意志强大的人会在内心深处抱有希望，通过不断的重复让自己获得了持续的精神理念，因此即便外界环境险恶，身边没有人相助，他们也能得到温暖的助力，让自己坚强地活下去、做下去。

至此，不难理解意志坚定的人与意志薄弱的人究竟有何区别。从根本上说，意志坚定的人遇到困难时，能够不断进行自我暗示，让自己看到积极的一面。而意志薄弱的人，总是想到消极悲观的一面，并不断进行消极的自我暗示。

那么，如何重复进行积极的自我暗示呢？应该如何掌握其中的要点呢？具体来说，要把握好下面几点：

第一，在心中多次重复，并且使其化为行动。

第二，不断提高自身的能力，增强积极暗示的坚定性。

第三，单次的暗示过程会逐渐形成相互的作用，促使我们成功。

第四，每次的重复都会释放自身的能量，增强个体的创造力。

第五，重复暗示会增强我们的敏感性，获取更强的适应能力。

第六，让不断地重复暗示成为我们的信念，指引行动上的胜利。

催眠中的暗示作用

暗示的应用面是很广泛的，在催眠中暗示是常用的一种激励方式。具体来说，在催眠过程中，为当事人植入积极的信号，对方就能接受心理上的暗示，获得正面的情绪感知，在意识上实现正向的激励。

生命中最可贵的是我们心间的那份坚持，催眠当中的暗示就是把那一份信念深深地植入到脑海中。尤其是当现实困境让人寸步难行时，通过自我催眠进行积极的暗示，可以摆脱窘境，在心理、思维上实现质的突破与飞跃。

1773年，法国一位25岁的少妇患上了一种奇怪的病，她一直四处求医，但是毫无结果。后来，她专程拜访一位名叫杰米的医生，渴望得到医治。

其实，杰米并不是什么名医，也没有回天之术。他只是找来了一些磁石，据说这东西有很神奇的功效。然后，他把这些磁石一块一块地贴在患者身体的不同部位，等待着奇迹的发生。

不一会，奇迹真的发生了。患者开始发抖，接着全身痉挛。杰米认为，这是危险的迹象，可是当她醒来时感觉症状轻了很多。经过进一步的治疗，她的病症竟然神奇般的消失了。此后，杰米在其他患者身上做了几次实验，效果都非常好。

就这样，杰米治疗怪病的神奇疗法很快在法国传开了，神医的桂冠也如期而至。其实，杰米治疗过程中并没有使用药物，而是运用了催眠的疗法，让病人在心中形成“我一定会好的，这是神医在治疗”的暗示，病人在积极心理暗示的作用下，自然很快就痊愈了。

对常见的抑郁、焦虑、紧张等有害的负面情绪，通过催眠的心理暗示治疗，容易得到缓解。有些意志强大的人，用积极的“正向意念”——自信、勇敢、专注等调整心理活动，改善情绪，也取得了很好的效果。催眠暗示在日常生活中有着很大的作用，人们在清醒的意识下很难实现心理上的改变，而在催眠状态下，暗示的内容会轻易进入人的潜意识，从而形成强大、持久的威力。

今天，运用催眠术对患者进行特定的心理暗示，从而达到治疗、保健的功效，已经非常普遍。暗示的作用是很明显的，催眠师把患者的意识带入一个特殊的阶段，可以产生很奇特的生理反应。比如，一杯白水在催眠的状态下被暗示为糖水，在对测试者的血液化验中会发现，血液中的糖含量明显提高。类似的催眠实验中，暗示也会产生各种相应的反应。

当然，对每个人来说，最常用的是自我催眠，通过积极的自我暗示获得正向的激励效果。比如，遇到挫折的时候，可以通过催眠忘记周围的一切，或者对其他事情置之不理，然后让自己专注于内心期望的某件事，从而与成功的目标越来越接近。

也许有人会说，根本不懂得如何催眠，也无法掌握积极的心理暗示技巧。在此，我建议大家把握好如下几个原则。

第一，催眠的时候，一定把握暗示的关键，那就是坚持积极、正向的原则，拒绝消极的暗示。

第二，催眠的时候要努力放松，忘记某些不高兴的事情，通过调动自身潜能改变厄运。

第三，当我们处于深度催眠时，一般很少回答，多以倾听为主，这样可以在潜意识中获得更加坚定的信念。

总之，当你掌握了自我催眠的技巧，并从中获得积极的自我暗示以后，就能建立强大的信念，让熄灭的理想火种重新燃起。因此，催眠的目的是获得积极的信念，继续活下去，战斗下去，如果背离这个原则那就不可取了。

事实上每个人都曾茫然过，也曾在坚持与放弃之间摇摆过，但是成功的人生需要积极的自我暗示，包括借助自我催眠的手段重建自信，推动自己一路走好，甚至奔跑起来。

构画成功后的自我

成功的人生开始于内心的想象，首先是希望做什么事，然后才会努力成为这样的人。在内心深处，应该放置一幅自己成功的画像，然后向着心中的目标前进，并且与之吻合。如果你想象自己失败的画面，那么你永远不会走向胜利。

我的建议是，当你准备做一件事的时候，先要静下心来，专心地想。直到把所有问题都想清楚了，再去行动，那么成功的几率就会大增。对那些并没有受过严格潜意识训练的人来说，在刚开始运用想象力的时候，心中就会涌起“但是，我可能做不到”这种自卑的念头。你需要做的是，转向另一个方向，与心灵拥抱。

20 世纪初，一个小姑娘到伦敦的一家裁缝店当杂工。上班的时候，她经常看到女士们乘着豪华马车来到店里试穿漂亮的衣服，每一个贵妇都穿着讲究，举止得体。小姑娘想：这才是女人应该过的生活。一股强烈的欲望在她的心中升起——我要当老板，成为这些高贵女性中的一员。

于是，她每天工作前都会对着那面试衣镜，很开心、很温柔地微笑。虽然身上穿的是粗布衣服，但是她在心中早已经把自己想象成穿漂亮衣服的夫人了；她还想象自己待人接物落落大方、彬彬有礼，深受那些贵族妇女的喜爱。

她拿着打工者的薪水，却把自己当成老板，工作起来全心全力，尽心尽力，仿佛整个裁缝店就是自己的。结果，她赢得了老板的厚爱。与此同时，许多客户向老板夸奖这位小姑娘："她是你店中最有头脑最有气质的好女孩。"老板也说："她的确很出色。"又过了一段时间，老板把这家裁缝店全权交给小姑娘管理。渐渐的小姑娘有了一个响亮名字——"安妮特"，然后成为了全世界赫赫有名的"服装设计师安妮特"，最后成为了"著名的服装设计师安妮特夫人"。

安妮特的成功得益于很多的方面，但是有一点是最重要也是最关键的，那就是即使一无所有，也敢于"想想自己的成功"。

在我们的生命中，第一个爱的对象应该是自己。与自己对话，让那些外在的东西慢慢沉淀，你就会发现每个人都可以是你的另一半，那时候你将不会孤单，相反的你将会觉得生命更富有，更圆满。

在适当的时候多给自己输入一些积极的语言，一切都会变得更美好。比如，早晨一起床，就自我提醒一次，叠被子的时候再重复一次，洗脸、吃饭、走路、等公共汽车的时候提醒自己第三次第四次……每天一有闲暇的时间就提醒自己，这样沉睡的能量一定会被唤醒。只要把心的大门打开，无限的力量就会流进我们的内心。

人特有的能力在于，一方面有无穷的想象力，可以提前规划成功的目标；另一方面，按照目标的指引调动各项潜能，可以让它一步步变成现实。只要打开心门，把自己的能力发挥出来，把才华展示出来，这一切都可以实现。

为此，你要训练自己强大的想象力，也就是构画成功后的自我，这种能力越强大则实现的可能性越高，成功的几率越大。下面我向大家介绍一个练习的方法，每天腾出半个小时的时间，自己独自一个人，找一个不受干扰的地方，尽量的让自己放松，并且使自己舒缓下来，然后运用想象力触摸成功后的自己，这样就会在潜意识中形成积极的自我暗示，有助于行动中步步为营。

在成功学界，有一个著名的贾金斯法则经常被应用在生活中。具体内容是，只要一个人总是对自己抱有希望——“我希望我自己会成功”，或者是“我一定会成为最棒的人，我一定行”，那么一定会找到好方法。

贾金斯博士说：“睡眠之前留在脑海中的知识或意识，会成为潜意识，深刻地留在自己的脑海中，并可转化成行动力。”所以，每天晚上准备睡觉的时候，可以在自己心中构画自己成功的形象，让这种意识在内心深处生根，在日后的行动中它就会成为我们不自觉的行动，帮助我们向着成功的目标积极迈进。

冥想中努力增进正能量

冥想是一个静心的过程，也是通过重新想象获取奋进力量的过程。如果最近发展不顺利，不妨通过冥想找到问题的所在；如果你想成为大人物，不妨想想那些响亮的名字，并不断重复，让他们深深植入到你的潜意识当中。这样努力的结果是，你会发现成功的路径。

冥想和心理暗示有很多相同的地方，在一定程度上可以把冥想看做心理暗示的一种。具体来说，它的基本特点是：反反复复思考，直到我们的潜意识被彻底改变。如何成为天才呢？最好的办法就是每天对自己不断的暗示：我可以成为天才！

拿破仑出生在一个贫贱的家庭，后来通过各种关系和自己的努力才进了陆军军官学校，直至后来成为一名炮兵上尉。后来一度贫困潦倒，以至于在去印度征战时都没有钱来买装备。但是，他却成了法国的一代枭雄。

纵观历史上那些成功的大人物，他们能有惊人的成就，靠的不是教育，而是自身创造性的想象力，或者说是冥想的力量。也就是说，虽然实力不足，但是他们能够运用自己的想象力，增进自身的正能量，由此一步步接近成功的目标。

人是观念的产物，有什么样的观念就会形成什么样的人生格局。有的人无法掌控自己的命运，那是因为他没有认识到自身所拥有的力量，在他的意识中缺少冥想和心理暗示的观念。他的观念限制住了人生的进步。在我们身边，只有一部分人能够意识到冥想和心理暗示的力量，并为此不懈努力，最终取得了成功。

有时候，心理暗示只是一个理想，有时候会是一个信念、志向。你需要做的是，不断修正自己的理想、信念，解决各种现实的难题，推进目标的实现。在人生的早期，一个人要志向高远，立志越早，越坚定，那么这个志向就越能彻底的深入到我们的潜意识中，就能更好地改造我们的精神世界，指引人生的航向。

尤其是在持续努力的过程中，不能只是付出，不问收获。在某一阶段，要反思自己的作为，善于运用冥想的手段进入精神的世界，叩问内心的真实需求，努力找寻解决问题的方法，等等。通常，只要是坚持正确的方向，不断挖掘自身的正能量，就容易解决心头的疑惑，并找到答案。

需要指出的是，在冥想的过程中，当事人必须具备强大的自我控制能力。因为，心理暗示可以使一个脆弱的人变强大，同时也可以使一个强大的人彻底崩溃。一些偶然的稀奇的事情很可能成为致命的心理暗示，如果你无法掌控内心，那么就会被牵着鼻子走，进入灰暗的精神世界。

为此，我们在冥想中要注意以下几点问题：

第一，要多想一些积极的事情，做一些积极的冥想。

第二，对自己充满信心，相信自己一定会成功。

第三，在冥想的前后多与朋友家人沟通、谈心，倾诉内心的真实想法。

第四，加强体育运动，保持身体强壮，有助于建立自信。

第五，多参加集体活动，开阔思路，有助于在冥想中获得积极的想法。

总之，冥想的力量是无穷的，在冥想中多给自己一些正能量，并把它们注入到自己的潜意识中，就能在目标的指引下冲破困局，到达胜利的彼岸。

听从心灵的召唤

一个人内心的感受、态度、思考，往往是最真实的，代表着个人的价值取向、目标偏好。对此，我们可以称之为心灵层面的东西。倾听内心的召唤，按照最真实的想法去做事，显然更容易走向成功，有更大的作为。

优柔寡断，目标不清，从来都是走向胜利的绊脚石。把内心的召唤与人生信仰融合起来，显然会极大地增加成功的几率。

在美国西部的一个小乡村里，一个家境贫寒的12岁少年在生日的那一天，写下了一生中气势非凡的毕生愿望："要到尼罗河、刚果河和亚马逊河去探险，要登上世界最高峰珠穆朗玛峰、要爬上乞力马扎罗山，驾驭大象、征服鸵鸟和野马，重新走一遍马可·波罗走过的道路，主演一部《人猿泰山》那样狂野的电影，驾驶飞机和飞行器，读完世界上那些名人如柏拉图和亚里士多德的著作，写一部乐曲，写一本书，使自己拥有一项专利，给贫困的孩子筹集 200 万美元的捐款……”

就这样，他洋洋洒洒地写了 127 项人生宏伟的志向。对普通人来说，这么多伟大的愿望不要说去实现，即使让人看一看，就足以让人望而却步了。从这一刻起，少年的心被那些强大的愿望砥砺着，紧紧地牵引着，并踏上了将梦想变为现实的漫漫征程。

在漫长的岁月中，一路的风吹雨打无法让他放弃，他硬是把一个个看似不可能实现的愿望变成了现实，也因此一次次品尝到成功的喜悦。四十多年后，他终于实现了一生中所有的愿望，他就是世界著名的探险家约翰·戈达德。

今天，仍然有很多人质疑约翰·戈达德，是凭着怎样的力量，把那些看似不可能的是事情变成现实的。对此，他的回答很简单：“我只是让心灵先到达那个地方，随后我的身体就会有一股神奇的力量，接着我就只需沿着心灵的召唤前进了。”

事实上，人与人的差距不是天赋，而是能否懂得运用自身的潜能。潜能从哪里来，它是内心的渴望、力量，需要我们去开发。心灵的呐喊，往往是最真实自我的呈现，只要唤醒它、激发它，就能让潜能迸发出来。

因此，当你陷入迷茫的时候，一定要停下脚步，问问自己到底需要什么，找到内心的真实想法。然后，听从心灵的召唤去筹划未来，把各项资源、潜能调动起来，就万事大吉了。反之，让心灵蒙上灰土，不知道自己真正需要的是什么，会让自己空耗时间、精力，最终一事无成。

一份调查表明：人们的行为受到信念的支配，想做出什么样的成绩，关键在于信念。当我们身处困境甚至危及生命的时候，如何存活下来？首先要依靠强大的信念，在心灵深处有对生命的渴望。善于从内心挖掘动力，把坚定的信仰幻化为心灵的呼喊，生命力就会焕发，成功也会不请自来。

穷困潦倒时绝不妄自菲薄

没有人喜欢与厄运为伍，但是它常常不请自来。现实往往是残酷的，更残酷的是你缺乏强大的信念，不去改变现实，终生与失败相伴。有的人陷入了困境，经济上贫困，却没有努力改变眼前的一切，他们在妄自菲薄中耗费时日，在自怨自艾中发泄不满，直到心灵也变得匮乏无力。

外界的困厄并不可怕，信仰的缺失，内心的困顿，才真的让人绝望。如果你真的向命运投降了，不再思索如何改变命运，不再满怀希望地努力，那么生命将枯萎。消极的情绪，不良的心态，是许多人丧失意志力，在精神上被打倒的外在表现。他们丧失信仰，丢掉信念以后，就成了彻底的失败者。

一个严寒的冬天，美国南加州的一个小镇上来了一群逃难的人。他们面色蜡黄，显得疲惫不堪。善良而又朴实的当地人家家烧饭，款待他们。这些逃难的人，显然已经很久没有吃过这么美味的东西了，所以他们连一句感谢的话也没有说，就狼吞虎咽地吃了起来。

只有一个人例外，一位很瘦的年轻人。当人们把食物送到他面前时，他仰起头问："先生，吃了您这些东西，我需要为您做点什么吗？"杰克大叔心想，给逃难的人一点吃的，每个善良的人都会这么做。于是他坚定地回答说："不！不需要你做什么。"年轻人说："不行，我必须为您做点什么，否则我不能吃您的食物，我不能不劳而获。"

最后，杰克大叔想了想说："那好，等你吃完饭，就到我家干点活儿吧，不过你要先吃完东西。"接着，年轻人立刻大口地吃了起来。看到年轻人这么与众不同，杰克大叔非常赏识他，于是让他留在自己的庄园里。慢慢的，这个年轻人成了杰克逊大叔庄园里的一把好手。

两年以后，杰克大叔把自己的女儿许配给了这个年轻人。二十年后，这个年轻人已经成为健硕的中年人，并拥有了一笔让美国人羡慕的财富，他就是石油大王哈默。

从上面的故事中可以看出，当一个人贫困、面对困难的时候，不要把自己看的太轻贱，因为内心的理想、信念不允许你这样做。身处逆境的时候学会低头是必要的，但是更重要的是冥思苦想，发现事情的转机，努力改变自己的命运。

妄自菲薄的人无法看清真实的自己，他们的心灵被蒙蔽，信仰被涂抹，在迷失中丧失了一切。因此，无论命运如何，都要坚守心中的那份信念。自信的人敢于直面自己的人生，坦然面对各种挑战，并脚踏实地一点一滴克服重重障碍，去改变自己的命运。

那么，贫困中的人们如何去生活呢？困局中的人们如何改变自我呢？下面我给出了大家几点建议，希望有一定启示意义。

首先，无论面临怎样的困难，都要坚守自己的那份信念。穷困中的人不能给美好的理想涂抹污渍，这是对自己不负责的表现。

其次，陷入贫困的时候，不能让内心贫乏。保持心灵深处的那份信仰，坚守年轻时的梦想，在等待中发现机会，在积攒力量的同时持续努力，总有拨云见日的那一刻。

再次，尝试着倾听他人的建议，并接受他人的帮助，能够有效改变眼前的困局。善于借助外部的力量成功，是不错的选择。

遵循以上的建议，在困境中严格坚持这些原则，慢慢地你就会发现，自己的内心中已经树立起了强大的信念。外界的财物都是变化无常的，它们可以召之即来，也可能挥之即去，只有你的信仰永远不离不弃，常伴左右，帮你渡过难关。因此，伟大人物都有一颗强大的心灵，用坚定的信仰指引一生的航向。

第八辑

带着感恩的信念出发，你的路越走越宽

态度决定一切。懂得感恩的人，会真正热爱这个世界，他们没有病态思维、乐于奉献自我、内心充满感激，这些信念帮助他们越过众多坎坷，让人生之路越走越宽。懂得感恩，不去抱怨，正是内心强大的秘密所在。

感谢对你“围追堵截”的人

当今社会，有很多人正面临着这样一种窘境，在生活和工作中经历着种种苦难，遭受着种种挫折和打击。事实上，没有人天生愿意接受“围追堵截”，但当这些苦难来临时，你必须要接受。你要知道，如果能走过来，别人的“围追堵截”就是上天对你的一种恩赐。

事实上，无数杰出人物都是从别人的“围追堵截”中走出来的，正是这种苦难成就了他们。或者说，这些苦难砥砺了他们的心志，磨砺了他们的思维，对此必须要有一颗感恩之心。

法国科学家普鲁斯特和贝索勒为探讨定比定律，进行了长达9年的辩论。最后，普鲁斯特发现了定比定律，成为这场大辩论的最后胜利者。普鲁斯特并不因此而趾高气扬，得意忘形。他对贝索勒倾吐了衷心的感激之情：“如果不是你的质难，我是难以深入下去研究定比定律的。”

接着，他向世人宣告，发现定比定律，贝索勒有一半功劳。贝索勒呢，虽然他是争论的失败者，但他全然不为此懊恼，反而因为在科学的争论中发现了真理而欣喜万分。于是，他提笔写信给普鲁斯特：“您发现了定比定律，可喜可贺，9年的争论，结出了果实，我向您——真理的发现者致意！”

普鲁斯特在面对人生的成功时，表现出的宽容自信，不正是他人需要学习的吗？所以，对于那些对你“围追堵截”的人，要抱着一种感恩的心态，主动适用，主动突围，绝不能仇视、报复。

成功商人都信奉这样一句话：宁失利益，不失关系。钱失去再多也能挣回来，而关系一旦缺失就很难弥补，哪怕这个关系仅仅是维持和平共处的关系。这种关系是把双刃剑，处理不好的话，其不经意地一击就可能把你所拥有的一切都断送掉。

那么，怎样对待那些对你“围追堵截”的人呢？其实很简单，做起来也不难，那就是“以德报怨，化敌为友”。

在与人相处中做到不计较吃亏，甚至是主动吃亏，在得失上装一时的糊涂往往能得到长久的收益。“以德报怨，化敌为友”则是避免别人伤害所能采用的上策。面对利益之争的时候，懂得退让，把对手变成朋友，又有何不可？如果一个人有这种信念与胆魄，那他一定能成大事。

在这个世界上，人面临的最多的是选择。我们必须根据自己所处的环境，加以思考，作出决策。为此，必须摈弃固执，收敛个性，圆滑、通融地接触来自各个方面的碰撞，其中也包括为你的敌人祈祷！

拳王阿里一度称霸拳坛多年，在他的回忆中有过这样一个故事。一次，几位曾经被他击败的年轻选手，赛后找到阿里请教如何出好勾拳。

在常人看来，把自己的独门技术告诉竞争对手，这不就等于自掘坟墓吗？但是，阿里退掉了已经订好的飞机票，将自己的勾拳技术手把手地教给了对手。

更令人惊奇的是，他还把如何才能打败自己的拳法教给了对手。这令人十分不解，而阿里却说：“谁若能战胜我，那就说明拳击事业已经发展了。这是我终身不变的追求——发展拳击事业。”

生活中的竞争无处不在，许多人习惯把竞争对手视为敌人，企盼“将敌人一扫而光”，还有的人发出各种抱怨，这都是不健康的心理。可以说，竞争对手是人生路上最好的伙伴。因为有了竞争，才给了你努力获取成功的动力。换句话讲，竞争对手是人生的导师，它让你领悟了做人、做事的智慧。因此，当竞争对手处心积虑地思考怎样打败你时，你同样也在处心积虑地思考战胜对手的方法。这种竞争、较量的结果是，你变得越来越成熟、稳健、睿智。

人生的旅程中，竞争是无所不在的。获取成功靠的是智慧和力量，必要的竞争磨练了我们的意志，锻炼了我们的思维，开发了我们的潜能。面对竞争对手，要用实力说话，不用恶语中伤。一个需要牢记的原则是，大家做不成朋友，但不必成为敌人。以这种信念看待万事万物，博大的胸怀足以装下一切。

罗斯福曾说过："当众拥抱你的敌人。"因为，竞争对手让你拥有了你以前所没拥有的一切，学到了以前你没有学到的东西。感谢竞争对手的存在，因为对手，促使你更深入地了解敌人的不足，学习敌人的长处；因为对手，使你心平气和，远离愤怒带来的决策失误；因为对手，让你获得一个得人心的好名声。人要在竞争中成长、变强，从而获得自己企盼的东西。

别让自己活得太舒服

在经济学上有一种现象，叫作"鲶鱼效应"。原来，西班牙人非常喜欢吃沙丁鱼，但是这种鱼生活在大海里，而且非常娇贵，所以捕捉起来非常麻烦，因此渔民经常无功而返。而且，把沙丁鱼捕捞上来后放入鱼槽，运回码头后，它们因为不适应离开大海后的环境，常常很快就死掉，结果影响到沙丁鱼的美味和销量。

为了卖出好价钱，渔民必须想出一个好办法，让沙丁鱼在到达港口的时候还能存活下来。有一个聪明的船长很快找到了解决问题的良策，他把几条鲶鱼放在运输容器里，结果沙丁鱼为了求生不得不奋力躲避捕杀，大大提高了存活率。

鲶鱼是沙丁鱼的天敌，当他们处在同一个环境里时，沙丁鱼就会在生存的压力下四处游动，从而躲避天敌的吞食。结果，这种加速游动的做法使它保持了旺盛的生命力，由此延长了自己的生命。"鲶鱼效应"表明，在竞争的环境里受到外界刺激，会在最大程度上锻炼自己的反应力、灵敏性，增强自己的生存和适应能力。

由此想到，一个人在社会上求发展，不也该主动置身竞争的环境中去吗？一个人活得太舒服，就容易出问题。因此，主动给自己找压力，置身艰苦的环境中，能极大地锻炼生存本领，进而提升战斗力。坚信苦才是人生，把磨难当做进步的梯子，其实是成就自我生存与发展智慧。

一位动物学家来到非洲大草原，对奥兰治河两岸的羚羊群进行了研究。经过长期的观察，他发现：东岸羚羊群的繁殖能力比西岸强，奔跑的速度要比西岸的快十三米（每分钟）。同一种动物，居住的地点相差不过几百米，为什么会有这么大的差距呢？动物学家百思不得其解，直到后来的一次人为干预，谜底才揭开。

有一年，科学家在动物保护协会的帮助下，从奥兰治河两岸各捉了十只羚羊，把它们分别送到对岸。结果，运到西岸的 10 只羚羊，一年后繁殖到了 14 只；而运到东岸的 10 只羚羊，最后只剩下 3 只，其余的 7 只都被狼吃掉了。

至此，这位动物学家恍然大悟——东岸的羚羊之所以行动敏捷，身体强健，是因为它们周围有一群狼出没，所以为了躲避天敌，锻炼出了很强的奔跑能力；而西岸的羚羊缺少了这一群天敌，自然变得比较弱小。

在动物界里，因为天敌的存在，而使自己活得更好的的现象普遍存在。比如，草原上的羊群因狼的存在而不断繁衍壮大，森林中的树木也因对手众多而长得高大挺拔。没有天敌的动物往往最先灭绝，腹背受敌的家族则繁衍至今。

大自然带给我们很多智慧，其中关键的一点就是——敌人其实是成长中的帮手。一个人的进步与成熟，是在和敌人的较量中逐步积累的。没有敌人，就没有人生的超越；没有敌人，你的生命就会走向没落。真正激励你，让你昂首阔步的，不是顺境和优裕，不是朋友和亲人，而是那些常常可以置人于死地的打击、挫折，这一切都是你的敌人赠予的。

既然竞争对手和敌人不是我们最大的敌人，那么谁才是呢？这个人只能是你自己。原因在于，人有很强的劣根性，也就是人性的弱点。许多时候，克制住自己，战胜自己的弱点，就能做成大事，取得成功。反之，就无法突破眼前的困局，注定一事无成。

事实上，你一定听过“自找麻烦”、“自讨苦吃”、“搬起石头砸自己的脚”等诸如此类的话，这是那些失败的人在悔恨自己，原来击败他的不是别人，而是没有战胜自己。心理学家指出：“在每一个人的内心深处，多少都隐藏了一些‘自毁’的倾向，这种内在情绪的冲动常常会驱使一个人做出危及自己的行为。”因此，必须战胜自己的惰性、贪婪、自卑、胆怯，才能有大的作为。而实现这一目标，最重要的就是让自己加入竞争，去搏斗，也就是不能活得太舒服。

敢于直接面对自己，让自己承受磨难的人，会在搏斗中反省自己，发现致命缺陷并积极弥补，这样会让自己日臻成熟、完善，最后人生之路越走越宽。在我们身边，一些失败者身上总有这样那样的缺陷，只是他们浑然不觉，从而有“不愿当输家”的防卫心理。如此看来，那些让自己主动吃苦、接受挑战的人才懂得人生的真谛与生存的智慧，从而在“自虐”中完成了生命的重塑。

从心理上消除病态思维

有一个好前程，是每个人的梦想。通过自己的努力，不断提升素养，慢慢走向成功，是成功的基本路径。但是，如果产生一些不良思维，可能会阻碍前进的步伐，甚至葬送了自己的前程。

在这个世界上，可以用穷人、富人划分大多数人。所谓的穷与富，不仅是物质上的差异，更是精神层面的写照。显然，一个人贫乏、贫穷，主要是心理与精神层面上缺少某些东西。显然，如果有典型的“穷人式思维”，那么你只会越来越贫穷。警惕这种病态思维占据你的心灵，需要避免以下几种倾向。

第一，跟他人斗气。

在物质上穷困的人，喜欢跟有钱人斗气，看着对方不顺眼。例如，在工作中，很多员工喜欢跟老板斗气，或者不跟老板说话，或者绕着老板走，或者被老板说上几句就消极怠工等，这都是暗中斗气的表现。

其实，跟他人斗气是一种典型的“穷人思维”。暗中较劲，是因为你没有实力与对方公开较量，只能在心理上选择默默对抗。问题在于，当你暗中对抗的时候，其实也在耗费自己的时间和精力，无法提升自己的成长空间，损失最大的是你自己。

第二，跟他人抢功。

在生活和工作中，很多人都认为自己智商高，于是处处与人争执一番。这样的人没有人缘，无法把各种关系处理好，因此处处遭人排挤，空有一身本事而毫无用武之地。于是，他们往往有怀才不遇的感觉。

所以，智商高不能代表智慧也高，如果在心理上处处与他人争高下，必然在对抗中无法建立友谊。显然，做人不到位，就无法成功做人，失去了良好的人际关系，想干点什么总是那么艰难。

第三，不接受意见。

善于听取他人的意见，会有更多成长的机会。与此相反，那些我行我素的人不会接受中肯的意见，也就丧失了提升个人素养、能力的机会。心胸狭窄的人，把自己的路都堵死了，又如何迎来更大的发展机会呢？

所以，在这个层面上，愿意给你提意见的人几乎都是值得你感谢的人，不管他的意见是善意还是恶意。而听不进意见、遇到不同意见就怀恨在心，甚至睚眦必报的人一定心胸狭隘、气量狭小，这种人只能与穷困、失意为伍。

第四，喜欢找借口。

找借口是社会的通病，更是最典型的穷人思维，不管是生活中还是工作中，很多人都会受此病传染。找借口也是一种最低级的逃避责任的手段。一个喜欢找借口的人，除了用一大堆借口来证明自己的无能无品之外，还会失去大量的成长机会。

第五，总是讲感情。

在工作和生活中，一个人太注重感情会丧失许多机会。用感情束缚住自己，成全了别人，其实是缺乏干练气魄的表现。事实上，感情这个东西有时候并不可靠，因为人心多变。那些忙碌、成功的人没时间联络感情，所以就喜欢讲规则，用规则来自我约束并约束他人，结果就越来越富有，越来越成功。

第六，不愿意投入。

做什么事情都需要投入。许多人常年被钉在土地上，许多人一辈子都在社会底层，他们常常有一个特点，发自内心地坚信一个歪理：只要勤奋地做，苦苦地攒，就会有光辉灿烂的明天。

所以，赚了一点钱就马上存放起来，然后建房子、生孩子，让自己的小孩继续自己的人生。而绝不会在赚钱攒钱的同时，拿出一部分对自己进行投资，不断增加自己生命的含金量，让自己赚更多的钱。

上面这六种“病态思维”只会让人在精神上萎靡，在现实中失败不断。摆脱厄运的关键是，从心理上消除病态思维，让人生信仰更纯粹一些。

富足的秘密在于奉献

在商业化时代，许多事情都开始讲求回报，所以无私奉献的做法被许多人抛弃。但是这只是社会规则的一个方面，在许多问题上，在许多时候，我们还需要具备一颗奉献心，能够积极主动投入自己的精力把事情做好，承担自己的使命和责任。比如，养育子女，要奉献自己的关爱；在工作岗位上，要奉献自己的智慧；在伴侣关系中，要奉献自己的一切。

付出才有回报，但是前提是要先付出、先奉献；付出总有回报，但是前提是要拥有一颗奉献的心意，能够自始至终付出自己的热情和努力。在社会生活中，我们随时随地都在享受他人带来的便利和服务，所以每个人也要具备奉献精神，提供自己的力量，展现自己的价值。

玛丽老奶奶是个孤僻的人，从不跟邻居往来。有一天她正在烧饭，突然听见邻居露丝尖声哭喊，从窗子望出去，发现一股浓烟正从邻居家的屋里冒出来。她慌忙地跑出去，只听孩子的哭叫声更大了，想必父母不在家。眼看火势越来越大，一向胆小的老奶奶居然鼓足勇气冲了进去，并用毛毯把小女孩包着冲出火窟时，她已经头发全焦，灼伤片片。

这次火灾发生之后，玛丽老奶奶的孤僻脾气居然改了，她尤其关心露丝，总是买些东西送给她，并问长问短，有时候露丝不开心、不听话，她甚至动情地哭起来。许多朋友不解地问："你以前从来不关心邻居，为什么现在对露丝甚至好得超过自己的孩子呢？"玛丽老奶奶答道："因为我差点为她送了命！"

"差点为她送了命"，这是一句多么意味深长的话。人们的爱，往往并不一定起于别人爱自己之后的回报，却可能由于自己最先的奉献与牺牲。牺牲愈大，爱得愈深。

在不列颠帝国将近千年的历史中，还没有一位国王会主动逊位。而他下台的原因却是为了两个字——爱情。这位使得他抛弃自己应有政治地位的女人，竟然是一位离过两次婚的美国女人。这件事在欧洲的上流社会眼里，无异于大逆不道。在当时的欧洲主流社会，人们还无法给这件事情以充分的宽容和认同。

当时，成千上万国王的支持者听到了收音机里传来的国王退位的声明，泪流满面地瘫倒在地。也许他们的举动里面还包含有对这份爱情极大的敬意，他们是怀着一种无可奈何的心情看着自己爱戴的国王走下宝座的。但任何事情就是这样，有一得必有一失。国王失去了他的王位和他的王国，得到了他最珍视的——爱情。辛普森夫人后来以温莎公爵夫人的身份把自己丈夫的遗体送回英国，参加国葬。整个英伦三岛举国上下一片悲声。在那个时候，认同他们爱情的人，已经比几十年前要多许多了。

人们把辛普森夫人的故事当做为爱情献身的经典。现在想起来，没有他们的爱情，整个历史也许会被改变，现任的女王也许永远不会出现。为了爱情而抛弃王位的君主，从国家民族的角度来看，是不负责任，从人的角度来看，是把爱情当作自己毕生的信仰，是“人”这个概念的最完美的诠释。爱情可以用“伟大”形容，因为它见证了相爱的人默默奉献的精神。忍受孤独、困苦、非难，都是因为有了爱情的力量和对爱情的信仰。在奉献中疼惜对方，这种真挚的情感古往今来始终没有断绝。实际上，奉献是一种爱的表达。从这个角度来看，我们想要表达自己的关怀、热情、责任，就必须学会奉献，使自己有一颗无私奉献的心。

除了感情世界中的付出，一个人在工作中也要具备奉献精神才能取得成绩，实现自己的奋斗目标和理想。不可否认，工作对许多人来说还是一种谋生手段，获得物质利益是每个人的基本需求。但是我们不能仅仅受物质利益驱动而工作，因为这样的结果会让人失去前进的目标。道理很简单，如果在工作中没有一颗奉献心，那么就无法全身心投入自己的时间和精力把事情做好，从长远的角度来看对个人是一种重大损失。而从组织的角度来看，员工不具备奉献精神，就很难使大家团结一致，充分发挥人力资源的最大优势，同样会降低组织运作效率。

把奉献当做一种人生信仰，努力贡献自己的才智，个体的价值才会得以彰显。而在奉献的过程中，你的才能得到了历练，你的经验持续积累，你的价值得到了广泛认同，在心灵深处会充盈幸福、快乐，这也是人生最大的收获。

感谢折磨你的人

生活，如果只有晴空丽日而没有阴雨笼罩，如果只有幸福而没有悲哀，如果只有欢乐而没有痛苦，那么这样的人生根本就没有意义。生命的真谛在于，欣然拥抱磨难，而不是设法逃避。你也应该如此，让自己在其中学习、成长并成功。

成功学大师拿破仑·希尔的祖父以制作马车为生。每回整地播种时，他总会留下几棵橡树，任凭它们在空旷的田地里承受风吹雨打。

他这样告诫希尔："那些大自然里努力求生存的橡树，比森林里受到保护的同伴更坚实，更具韧性。祖父用那些饱经风霜的橡木制作车轮，弯成弧形的零件，不必担心会断裂。因为它们受过磨难，有足够的力量承受最沉重的负担。磨难迫使我们向前进，否则我们将停滞不前；它引导我们通过考验，获得成功。

"未经磨难，无法得到任何有价值的东西，简单的事情每个人都可以得到。每一个成功的人，在生活中都经过一番奋斗。人生是不断奋斗的过程，勇于面对困难，克服困难，继续迎接下一个挑战的人，就是最后的赢家。磨难同样可以强化人们的意志。大多数的人希望一生平坦顺利，然而，未经磨难与考验，往往会庸庸碌碌过一生。我们应该勇于面对逆境，努力奋斗，才会有更多机会。"

从商学院毕业之后，希尔的第一个老板是罗富士·艾亚斯先生。这家法律事务所生意兴隆，希尔必须经常在晚上加班，有时候节假日也不能休息。

不过，希尔也会这样对自己说："忙碌的工作帮了你很大忙，今天晚上得到的经验，对你的帮助更大。即使现在体会不到也没关系，将来有一天你一定会理解的。"

果然，多年以后，希尔凭借早年的吃苦耐劳精神，比同龄人、同行掌握了更多专业知识、工作技能，这成为他日后事业发展的基础。

从希尔身上，我们可以明白这样一个道理，磨难使人成长，折磨你的人其实一直在砥砺你，所以应该心怀感激才有快乐。罗曼·罗丹曾说："只有把抱怨别人和环境的心情，化为上进的力量，才是成功的保证。"的确，你只有感谢曾经折磨过自己的人或事，才能体会出那实际上短暂而有风险的生命意义；你只有懂得宽容自己不可能宽容的人，才能看见自己心中的远阔，才能重新认识自己……

人们想从磨难走向成功，最终扭转失败，应该怎么做呢？有三门功夫是必须要掌握的。

第一，承受失败和磨难。

正确对待失败，首先要正确地对待失败所带来的痛苦，主要是精神上的痛苦。面对失败的打击，许多人精神涣散，失去理智，失去了防守和反击的能力，放弃了眼前可以转败为胜的机会。这样的人，只会在磨难中死去。

遇到失败，最重要的是立即有效地克制自己的痛苦，集中精力，准备斗争。铁，要经过千锤百炼才能成钢；一个普通的人，要经过千锤百炼才能成为一个成功者、胜利者。整个过程，就是在承受磨难中完成的。

第二，想想下一步怎么办。

遭到突然打击后，首先要克制痛苦，把磨难当作一种激励。不要把注意力放在那些无用的感慨上，而应该集中精力想一件事：现在应该怎么办？

一个人能否承受磨难，看看他整天做些什么就知道了。积极乐观的人从磨难中寻找问题的根源，并采取行动，所以他们没有被磨难束缚住，反而把它当作了前进的阶梯。

第三，扭转失败，远离磨难。

扭转失败，其决定性的一步还是要行动。要运用坚强的意志、高度的智慧和灵活的方法去争取胜利。不仅是要克制痛苦，承受磨难，而且要乐观地积极地去行动，让自己远离磨难。

用自己的行动去创造出那些原来没有的必要条件，看准获得成功的时机，勇敢地抓住它，努力奋斗，就能迎接转败为胜的时机。当然，一定要抓住时机，当机立断，付诸行动。

别把感激永远藏在心里

本杰明·富兰克林曾说过："千万不要把今天能做的事留到明天。"人们习惯于做事总往后拖延一步，总愿意在行动之前先要让自己享受一下最后的安逸。在休息之后又想继续享受，这样直到期限已满行动也还未开始。诸如，感谢别人，一定要及时，立即行动。有时候，错过了时机，就失去了应有的意义。及时表达出你的感激之情，你会发现自己总是受人欢迎的。

有一位妇人，辛苦地支撑着一个家，却从未得到家人的任何感激。对此，她总是感觉到有些遗憾。

一天晚上，她问自己的先生："彼得，我在想，万一有一天我死了，你会不会花一笔钱买花向我哀悼，你会吗？"

"当然会啊！玛莎，你为什么这样问呢？"

"我只是在想，其实到那时候，几十美元的鲜花对我已经一点意义也没有了。但是我还活着的时候，有时候只要一束鲜花，对我却更有意义。"

玛莎的感叹，不也正是你周围每个人内心深处呐喊的心声吗？“有时只要一束鲜花”，便能带给别人无限的希望和喜悦，而这种努力只是举手之劳。

你还等什么呢？你还要等到你的心无法再爱，眼睛永远无法再睁开，耳朵也永远听不到，才肯行动吗？赶快把你想了很久的话说出来吧，赶快把你计划了很长时间的方案付诸实践吧，趁着现在还不晚。

也许有人会问，为什么人们总是隐藏自己感激的心情呢？或许是人与人之间的摩擦，摧毁了他们感激的心；或是相互的伤害，抹杀了彼此的和气；还可能是他们习惯了没有感激的日子，自己也不懂得感激他人。

其实，这些都不是理由。这种本末倒置的做法，延误的是宝贵的时机，伤害的不只是那些帮助过我们的人、爱我们的人、疼惜我们的人，还包括我们自己。不是吗？把感激永远藏在心里，你没有感觉越来越孤独，快乐越来越少吗？

想想别人曾经为你所做的，那些爱的表示、友善的动作、信心的鼓励、友好的示意。我们每个人都应该明白，生命的个体是相互依存的，每一样东西都依赖其他的东西。无论是父母的养育，师长的教诲，配偶的关爱，他人的服务，大自然的慷慨赐予……人自从有了自己的生命开始，便沉浸在恩惠的海洋里。一个人真正明白了这个道理，就会感激大自然的福佑，感激父母的养育，感激社会的安定，感激食之香甜，感激衣之温暖，感激花草鱼虫，感激苦难逆境。

不要再拖延了，赶快找个时间，对父母表达你的感激之情，对朋友感激伸出友谊之手，感激爱人所做的牺牲和关爱，感激顾客的光顾，感激那些曾为你服务过的人……这样一来，你会发现自己的生活时间在无限增大，生活更加丰富、充实。

实际上，很多人不是不想表达他们的感激之情，只是不知道该如何开口而只好选择了沉默。还有些人，他们充满感情的表达却让对方感到不自在。其实，表达你的感激之情并不是什么太难的事情，因为这样的表达总是让人感到愉快的。在表达的时候，你要掌握一些“技巧”。比如，要区分对象、时机、地点的不同，照顾到对方的感受。当然，在许多情况下，你要大胆当面、及时说声“谢谢”就足够了。

人活在这个世界上，值得我们心存感激的事情实在太多太多，需要对他人说“谢谢”的时候太多太多。大胆把心里的感激表达出来，大声对他人说一声“谢谢”，不但能给对方带来惬意、感动，还会让你释放激情、舒缓焦虑，何乐而不为呢？

遗憾，是一个人终生的痛苦。让遗憾伴随终生，恐怕我们的良心一生都不得安宁。如果你想说“谢谢”，就马上说出来吧；如果你怀有感恩之心、感激之情，就尽快把它表达出来吧！要让“谢谢”成为你心灵的白鸽，飞到给你帮助、施予恩惠的人身边，而不要让它成为长期压在你心上的石头，心里某个地方一辈子都隐隐作痛。

学会感激，一路精彩

心存感激地生活，才会时时感受到生活中的“拥有”，而不是“缺少”。感激，不是一种心理安慰，也不是对现实的逃避，而是一种生活态度，一种生活智慧，一种高尚的美德。心存感激的生活，生活中才会少些烦恼，多些快乐。我们应该感激身边的朋友，她让你的旅途不再寂寞，她与你一同分享快乐的喜悦，一道承受哀伤之痛苦；我们甚至要感激自己的敌人，因为他使你在人生的道路上不敢懈怠，不断进取，直逼成功。多一份感激，你会发现与别人相处是一件容易的事情。

在一次培训课程中，谈到目标的问题时，一位学员说：“帮助人是我今年的目标。目标虽非冠冕堂皇，要是我能做到，有些人的生活可能会好过些。对我来说，则不仅仅是想做，而是真的去做。这可使我有满足感。

“此外，本地一个联谊会正急需一些义工，每周抽出两小时为卧病的人干些清洗工作。一位朋友跟我谈过后，我们便一块干起来。一点小帮助，有时能使人改变他整个的人生观。

“说实话，在我年轻的时候，希望拯救世界是我最大的理想，因为每个人都想做一番轰轰烈烈的大事业。但是，现在我只是脚踏实地、朝着以下的目标迈进：我要留心观察在我周围发生的事件；我愿坦诚招待孤独的人；我一定要帮助真正需要帮助而又愿意让我帮助的人；我将自发地、得体地、和蔼地表示愿意帮助；我要把帮助送给需要它的人。”

一个人的成长离不开他人的帮助和支持。从小到大，我们都是在父母、老师的呵护下成长起来的，是在朋友的鼓励下走过每一步的。因为得到了帮助，所以要感激。感激父母，他们给了我们生命，抚养我们长大，给了我们一个温暖的港湾，给了我们一方五彩的天地，让我们拥有坚实的后盾，去感受人生，去迎接挑战、搏击风雨；感激老师，伴随自己成长，给了我们知识，教会了我们求知和做人的道理，给我们指明了人生的方向；感谢朋友，无论是遭遇失败或是邂逅成功，朋友永远是你最忠实的听众，他们给了我们最坚定的支持。

当然，最重要的是，在生活中要怀着感恩的心做人做事，主动地去帮助别人。如果说陌生人离你太遥远，那么你可以在朋友最需要的时候提供帮助，这是一种人生的美丽。比如，要善于进行必要的慰问。当朋友遭遇困难时，要给予相应的同情和慰问，包括提供解决问题的建议和意见，使对方充分感受到自己的热情。其次，还可以在力所能及的范围内帮助朋友。当条件允许的时候，花费时间和精力帮助朋友解决实际困难，是我们展示友情、建立信任的最佳时机。

先从你身边的朋友开始，看看有哪些朋友需要你的帮助，你一定要主动出击，相信一定会带给你意想不到的收获。同时，当你可以帮助别人的时候，你的内心将会有一股非常大的成就感，因为你会觉得生命非常有意义、有价值，因为你不断地付出，不求回报，这就是人生快乐的源泉。

不管你身处何方，无论你走到了哪里，大声地说“谢谢”吧，它是对他人的肯定，是对自己的勉励，是文明礼貌的体现，是精彩人生的点缀。“谢谢”是世界上最美丽、最温暖的语言，跟在她背后的是感动、快乐、幸福、满足、理解、支持！“谢谢”是一种人际交往的需要。而随着阅历的增加，更加体会到个人的弱小，也更懂得了感恩，才知道说“谢谢”是那么重要。谢谢是一种感恩，一种满足，一种平和的心态，也是幸福人生的信仰！

从现在开始，请对关心、帮助过自己的人表达感激之情：“谢谢，是你们的支持和鼓励，让我走到了今天，给了我现在的一切！”学会感激，一路精彩，生活需要我们怀着感恩的心走过每一步！

感谢伤害你的人

人生不如意的事情十之八九，世事常变易，人生多艰辛。古往今来，凡是拥有大志、成就大事的人，都饱经磨难、备尝艰辛。既然苦难和挑战不可避免，就要做到不在逆境中沉沦，笑对逆境，奋起抗争。

第二次世界大战期间，有一支部队在森林中与敌军相遇了。经过一番激战，两名战士与部队失去了联系。

两个人来自同一个小镇。他们在森林中艰难地跋涉，不断地互相鼓励和安慰，一起度过了艰难的时刻。

过了十多天，两个人仍然没有和部队取得联系。于是，他们打死了一只鹿，依靠鹿肉又艰难度过了几天。然而，等他们再次准备捕杀野兽时，他们却一无所获。因为战争使动物四散奔逃，大多已被杀光了。

没有吃的东西，两个人就无法活下来。连续几天看不到任何动物，谁心里都没底了。还好，他们还剩下一点儿鹿肉，年轻战士当作宝贝似的把它背在身上。

这一天，他们在森林中又一次与敌人相遇，经过一番激战，他们巧妙地避开了敌人。就在自以为已经安全时，只听一声枪响，走在前面的年轻战士中了一枪。还好，他只伤着了肩膀。后面的士兵惶恐地跑了过来，他害怕得语无伦次，抱着战友的身体泪流不止。

到了晚上，没有受伤的士兵一直念叨着母亲的名字，两眼直勾勾的。他们都以为自己熬不过这一关了，尽管饥饿难忍，可他们谁也没动身边的鹿肉。第二天，他们被部队救出来了。

30 年以后，那位受伤的战士说："我知道谁开的那一枪，他就是我的战友。当他抱住我时，我碰到他发热的枪管。我怎么也不明白，他为什么朝我开枪？但是，那天晚上我就宽容了他。我知道他想独吞我身上的鹿肉，我也知道他想为了他的母亲而活下来。"

在这 30 年里，受伤的战士假装根本不知道此事，也从没在任何人面前提起过。战争太残酷了，他不怨恨自己的伙伴。

生存的智慧在于，"以恨对恨，恨永远存在；以爱对恨，恨自然消失。"面对别人的伤害，请记住宽以待人。即使是一个心胸非常宽广的人，也往往难以容忍别人对自己的恶意诽谤和伤害。但惟有以德报怨，把伤害留给自己，埋在心底，以大度宽广的胸襟去包容一切，才能赢来一个充满温馨的世界和明天。

世界上的事情是复杂的，而人性的多变也使我们处在一个不确定的环境中。人生不如意的事情太多了，遇到难题和烦恼时、被他人误解，甚至是被伤害，用感恩的心接受现实，以气度恢弘的心态应对，可以使我们笑对人生。

在人成长的道路上，得到过肯定，赏识和激励，而经历更多的是伤害、打击、藐视和折磨。也曾经痛恨过伤害、打击和藐视我们的人，但是最终应该感谢他们，正是因为有了那些外在的伤害、打击、藐视和折磨，我们才深深地认知到自身的不足。要相信，通过自己百分百的努力，一切都是可以实现的；也要相信，每个人都可以获得成功，每个人都可以成为一个有价值的人。其实，人与人之间差别非常小，关键是一个人的意识（境界）和努力程度。

如果世界上只有一件事比遭人折磨还要糟糕，那就是从来不曾被人折磨过。因为，当一个人受尽折磨时，他的潜能才会被激发出来，而且，唯有此时，他才能越挫越勇，逼迫自己去突破现状，突破一个又一个瓶颈，走向成功的道路。

事实上，人的成长都是一个从量变到质变的过程。一个人不可能保证自己不犯错，受一些挫折是很正常的。面对各种打击，应该是从中去分析真正的原因是什么，找自身的原因，而不是一味地埋怨别人如何对自己有偏见，想去改变别人。面对外界的责难，千万不要因为他人的刁难、白眼、讽刺而沮丧放弃。你大可把它当成你前进的动力，毫不动摇地继续向前迈进。

生活是自己创造的。每个人都会时常面临来自生活、工作和社会的各种各样的问题。我们的处世方法、工作态度、努力程度、思维方式和心态信念等决定了一生的成败。我觉得在成长的道路上，遭受一些磨难是幸运的。磨难让我们看到自己的不足，磨难是我们进步得更快！改变自己得心态，就会快乐起来。要学会感谢折磨我们的人，因为他让我们成长得更快！

其实，一切都很简单，只要你换一种看待世界的眼光。

第九辑

用人生信条吸引一大批追随者

崇高的信仰是个人成功的基石，而在现实环境中，强大的人生信条、领导理念则会帮助我们引来一大批追随者。信任成就团队，而带头人的价值理念则是组织文化的灵魂，也是赢得人心的关键。

企业家精神引来追随者

在人类发展历史上，商业的力量至关重要。今天，商业中的关键人物——企业家已经成为这个时代的决定性力量。显然，商业组织领导者仅仅凭借利益诉求，无法吸引更多追随者。那么，他们引得追捧的关键因素是什么呢?

世界各国的知名公司，都有自己的组织文化。通常，这些文化是企业家经营理念、商业思想、管理智慧的外化。众多工作人员争相进入这些公司，在很大程度上就是文化的吸引，或者说是企业家精神的魅力。

有一个商人为了发展事业，定下进军欧洲市场的目标。他选择主动出击，设计印制精美的产品广告画册，通过政府有关机构和民间商会了解欧洲各贸易公司地址，然后分寄出去。结果，法国一家大贸易商决定派来购货部经理，以便“选择样品，考察工厂，洽谈入货”。

这位商人得到通知后，感觉机会千载难逢，决心做好各项准备工作。不过，对方的意思已很明显，他们将会考察自己所在地区的所有同类公司，并从中选几家作为合作伙伴。很明显，这个机会还不一定属于自己。

论实力，这位商人的公司在生产规模、资金实力等各方面却并非老大，这可怎么办?留给他的时间只有短暂的一周。这时候，他做出一个令人惊愕而振奋的计划：必须在一周之内，将产品生产规模扩大到令法国商人满意的程度。

他和全体员工一起，奋斗了七个昼夜，就在法国公司购货部经理到达那天，设备刚刚调试完毕。最后，对方参观了全部生产过程和样品陈列室，感到非常满意。从此，这家法国公司就成了公司的大客户，每年来的订单都数以百万美元计。

在赢得外商合作的过程中，这位商人以干练的做派，赢得了全体员工的信任、支持。大家围绕在他周围，鼓足干劲，拼搏进取，才实现了众志成城，顺利签下了商业大单。可以说，他正是凭着可贵的企业家精神引领团队作战，让公司发展迈出了一大步。

在讲究团队作战的时代，组织领导者尤其需要用企业家精神吸引追随者加入。具体来说，领导者的精神气质、领袖魅力、口才艺术等都会成为组织文化的一部分，在团队成员心中产生强大吸引力。这种吸引力的作用，已经幻化成一种团队精神，在每个成员心中成为一种信仰，指引着大家去做事。

比如，“有服人之能，无凌人之势”就是一种稀缺的领导能力，会吸引更多优秀人才加入进来。具体来说，如果一个公司的领导者在提出一些发展决策的时候，根本没有人进行探讨或者反驳，这有两方面的原因，或者是领导者太专横，容不下别人，或者是下属太无能，没想法。专横的领导对下属的意见或建议是有选择性的，只听好话不听逆言；而无能的下属办事效率太低，没有创新的想法，对公司发展没有实质性的作用。

作为一名领导，专横是不可取的，你需要的是以才服人，以德服人，而不是以位服人，以势服人。试想一下，你的下属指出了一些你的错误，可是你只会讳疾忌医，拍桌子大喊：“你是领导，还是我是领导？”这样，下属再发现你的错误时，就不会对你指出了，然而，这就是你要犯大错的时候。所以，优秀的领导者具备海纳百川的胸襟，以此把优秀分子纳入麾下，实现了团队优势的重建。

而在危难时刻，领导者与公司的作为又会在很大程度上决定了员工的去留。这里面呈现的同样是一个组织的气质与文化。当团队成员认可你的作为时，实际上是认可你的组织文化，进而选择继续追随。否则，大家不再认可你，只有选择离去。

美国阿姆斯壮国际公司是一家具有近百年历史的国际公司，在蒸汽系统专业有核心竞争优势。在公司发展历史上，有一个感人的故事，已经成为人们津津乐道的话题，那就是“125000 美元的感谢”。

1987年，美国经济遭遇了大萧条。阿姆斯壮国际公司的领导人第一次冻结了员工工资，希望借此渡过艰难的一年。当时，员工毫无怨言地接受了这一事实。他们没有抱怨，而是主动和公司站到了一起，大家同舟共济。在许多人看来，这是回报公司的最佳时刻。

过了几个月，人们发现这次经济低潮没有想象中的那么坏，阿姆斯壮国际公司的经营业绩也没有出现大的波动。于是，公司领导人决定把原来所欠的工资补发给大家，并且给每个人长400美元的工资。与以往不同，公司领导人并没有用支票来支付增长的工资，而采取了现金的形式。那一天，员工被召集到大厅。公司董事长站在一张堆满钞票的大桌子后面，充满感激地对大家说："由于阿姆斯壮的经营比预期的要好，公司决定要和大家一同分享这份好运。"

颁发奖金的时候，董事长靠近堆满了面额10美元钞票的桌子，125000张钞票足足堆了两英尺高。接着，大家一个接着一个走上前，与公司董事长、经理们握手。接到钞票的那一刻，大家都听到公司领导人在说同一句话："感谢你对公司的理解和支持！"在阿姆斯壮国际公司的领导人看来，手下的员工是最好的工作伙伴。他们在关键时刻接受了公司的安排，与公司共渡难关，是对公司的支持和帮助。因此，一旦公司摆脱了危机，领导人就及时发放工资，并提高薪水，表达对员工的同舟共济、危难相助。

试想一下，如果每个领导人都能像阿姆斯壮国际公司的经营者一样，在平时懂得经营人心，即使遇到危难也会得到大家的援手。这其实就是企业家精神的神奇魔力，它体现了价值信条的威力，为后来的经营者提供了借鉴。

一个人有了坚定的信仰，能最大程度上拓展个人发展空间，取得非凡的成绩。而成就更大的功业，则需要我们把信仰升华为组织的一种文化和理念，从而用它吸引更多的追随者，创造更大的价值。

先有真诚沟通，后有互信互助

人与人之间的互信关系建立，必须建立在真诚沟通的基础上，此后才能在相互关心的过程中产生共同利益，进而用你的价值观、事业愿景吸引大家，跟随你的步伐前进。

经验表明，表现出诚意，去打动对方，获得对方的认可，才能产生互信。换句话说，诚实是做人处世的根本，是战胜一切的不二法门。在人性的世界里，诚意是一切德性的基础。不难想象，一个人连诚实都做不到，其他的品德都谈不上了。如果你无法用自己的诚意感化他人，那么下一步的沟通也就无从谈起了，更不要说用人生理念与信条感召对方了。

真诚沟通是异常重要的，是打开对方心门的一把钥匙。很难想象，双方缺乏基本的诚意，而能建立密切的关系，甚至为了共同的目标去奋斗。小到一个家庭，大到一个团队，都必须有真诚的沟通连贯心与心，进而在互信的基础上发展深层关系。

珍妮娜是美国加州大学最年轻的讲师，比尔是加州一位年轻有为的律师，他们是第一批报名在加州大酒店举行的新创意集体婚礼的。在集体婚礼的舞会上，比尔和珍妮娜的舞蹈得到了很多赞美和祝福。那天晚上，当他们要求回他们的新婚房间时，主持婚礼的司仪给了他们每人一把钥匙，这让他们莫名其妙。

到了晚上，当比尔和珍妮娜一起赶到属于他们的新房时，发现那个用两颗心叠在一起的锁好别致呀，他掏出自己的钥匙插在左面的锁孔里，门锁不动，右面也不行。接着，比尔让珍妮娜试一下也不行，珍妮娜说两个一起来，于是比尔把自己的钥匙又插了进去，同时转动钥匙，就这样门终于开了。

走进房间，不仅有蜡烛、浪漫的音乐，还有几个时尚杂志的记者。接着，他们把陶醉在爱情中的比尔和珍妮娜拍摄成了明星一样的人物，还上了杂志封面。这份浪漫温馨的婚礼让他们俩回味无穷。

此后，两个人甜蜜的日子一直被这种快乐的浪漫包围着，他们都认真地经营自己的感情，培养着爱情的土壤和花。然后，时间把一切有香味的东西都逐渐淡忘，渐渐地他们有了争吵，直到比尔提出了分居。

万般无奈之下，珍妮娜同意了比尔的要求，在收拾东西的时候，她发现她的钥匙，不是钥匙，是一个像钥匙一样的纪念品。原来，这是酒店赠送的"幸福钥匙"，可以凭这一对钥匙免费消费一个晚上。忽然，珍妮娜想到了一个好主意。她提出，去加州大酒店里住一个晚上，然后才同意分居。

于是，两个人又一次被分配到了新婚之房。比尔一下子好像回到了一年前，这里的蜡烛和音乐，和他们新婚时的一样。比尔立刻明白，真正的爱情并没有远离他们。第二天，比尔郑重地向珍妮娜请求，婚后的恋爱开始了："我能再一次请你出去吃饭吗？"看着比尔的神情，珍妮内心的隔阂瞬间消失得无影无踪，他们又建立互信的关系，并从中体验到了幸福滋味。

人与人之间，有沟通才会有理解，进而产生互信关系。当大家的关系更进一层的时候，彼此之间才会建立某种默契，包括形成共同的奋斗目标。对家庭来说，这是双方携手人生漫漫长路的共同信念；对团队来说，这是大家建立共同愿景，并为之奋斗的基石。

我有一位朋友经营着一家工厂。在一次危机中，工厂濒临倒闭。当时，到处笼罩着消沉的气氛。刚开始，这位朋友不敢承认自己的经营失误，在妻子的劝说之下，他终于悟出了与员工真诚交流的意义所在。

于是，他召集全体员工开会，坦诚地承认自己经营错误，不仅拖垮了工厂，损害了大家的利益。他保证，经营一有转机，辞退的员工都可以回来上班。此后，他一一拜访银行、原料商、客户，向他们认错道歉，恳求原谅，并保证在放宽的限期内一定偿还欠款。

这种做法赢得了全体员工及商业伙伴的认可。此后，员工士气大振，工作比原来还努力；银行放宽偿还贷款的期限，但在未偿还贷款前，不再发放新贷款；原料商也放宽付货款的期限，并提出需要再进原料，必须先付70%的货款。后来，经过全体员工的不懈努力，原来的承诺都一一兑现了。正是依靠诚意沟通，我的这位朋友终于走出危机，为日后持续快速发展奠定了基础。

真诚具有巨大的人格感召力。在各种组织环境中，一个人尤其需要以诚待人，才能得到友谊和真情，得到别人的信任和尊敬。对团队领导者来说，你的诚心诚意是建立信任的关键。大家信任你，才会认同你，进而接受你的价值引导与信条领导。

因此，对梦想着有更大作为的人来说，掌握真诚沟通的技巧，然后在互信互助的基础上吸引大批追随者，才是制胜的王道。

绝对的责任，绝对的信任

如果想取得别人的信任，你就必须做出承诺，一经承诺之后，便要负责到底。可以说，绝对的责任，会赢得绝对的信任。这是许多人获取成功的利器。

在人与人之间的各种关系中，信用是一切关系的基础。良好的协作精神和个人信用，对每个人的成长、成功都是非常重要的。一个人一旦没有了信用，他的价值也就随之消失了。而一旦失去信用，就永远别想再找回来了。

那么，如何建立个人信用呢？最根本的一点是要负责到底。在日常工作中，无论你被安排在哪个位置上，都不要轻视自己的工作，要担负起相应的责任来。一个人的价值，永远由责任来承载，而责任本身就是一种生存能力。

我经常看到有些人在工作中推三阻四，总是埋怨环境，寻找各种借口为自己开脱。他们对这不满意，对那也不满意的人，往往是生活中的被动者，即使工作一辈子也不会有出色的业绩。

美国独立企业联盟主席杰克·法里斯曾对人说起少年时的一段经历。13 岁那年，他开始在父母的加油站工作。当时，那里有 3 个加油泵、2 条修车地沟和 1 间打蜡房。法里斯想学修车，但父亲让他在前台接待顾客。

当汽车开进来时，法里斯必须在车子停稳前就站到车门前，然后检查油量、蓄电池、传动带、胶皮管和水箱。他注意到，如果自己干得出色，顾客大多还会再来。于是，法里斯总是付出更多努力，把工作做得更精细一些，甚至做一些超出工作分内的事情。不用说，越来越多的顾客开始喜欢上这个负责的小伙子。

有一段时间，每周都有一位老太太开车来清洗和打蜡。不过，她的车内地板凹陷极深，很难打扫。而且，这位老太太极难打交道，每次当法里斯给她把车准备好，她都要再仔细检查一遍，甚至要求重新打扫，直到清除完每一缕棉绒和灰尘，她才满意。

终于，有一次，法里斯实在忍受不了，拒绝伺候这个老太太。当时，父亲告诫他："孩子，记住，这就是你的工作！不管顾客说什么或做什么，你都要做好你的工作，并以应有的礼貌去对待顾客，为对方负责到底。"

多年以后，每当回忆起这件事，他都会感谢父亲的教诲。他说："正是在加油站的工作使我学到了严格的职业道德和应该如何对待顾客，这些东西在我以后的职业生涯中起到了非常重要的作用。"有这个信条，法里斯找到了人生的奋斗目标，把家族事业做得有声有色。

面对你的职业、你的工作岗位，请时刻记住，这就是你的工作，不要忘记你的责任。既然你已经选择了它，就必须接受它的全部，就算是屈辱和责骂，那也是这项工作的一部分，而不是仅仅只享受工作给你带来的好处和快乐。由此看来，无论你从事什么样的职业，都应该尽职尽责地把自己的本职工作做好，以绝对的责任换取领导、顾客的信任。有了这种坚定的信念，才能在获取信任的同时，引导更多的人向你学习，进而追随你的步伐进步。

美国前教育部长威廉·贝内特曾说：“工作是需要我们用生命去做的事。对于工作，我们又怎能去懈怠它、轻视它、践踏它呢？我们需要尽职尽责地去把它们做好。”无论职位高低，都要对工作负有责任，并把事情做到位。当你长此以往坚持下去，自然会凭借相应的业绩令人刮目相看，引得他人的信任与支持。

对每个人来说，责任意识是人生信条的重要内容。如果我们能够承担起责任，一步一个脚印地对待自己的工作、生活，那么将会得到实实在在的回报；如果我们敷衍工作、消极怠工、试图逃避责任，那么将永远都不会拥有令人骄傲的事业，永远也不会创造出令人振奋的业绩。

最大的危机是信任危机

一个人立足的根本，在于责任和信誉。失去了这一点，他将失去所有互信关系，进而变成孤家寡人，想做成任何事情都会比登天还难。在人生旅途中，信任危机是一个人最大的灾难。

比如，对生意人来说，表面上他们出售的是商品，其实他们贩卖的是信用。商品背后，站立的是信誉，最后才是获取利润。也就是说，利益只是暂时的，信誉是一条无形的纽带，将双方紧紧地连起来，才有了放心地交易。试想，如果没有了信誉，交易也就随之消失了。一旦失去了信用，你这辈子就别想再找回来了，也就无法在商圈里混下去了。

对商人来说，如果不把信誉放在首位，如果产生了信任危机，那无疑是一场浩劫。反之，当一个商人把信誉的推销当做信仰看待，那么他就抓住了获利的根本，不但会获得消费者的认可，也会让众多商业合作伙伴刮目相看。

多年前，我的一位好友在英国旅游，逛到一家百货公司的皮鞋部，进口处有一堆鞋子，标着“超级特价，只付一折即可穿回”。

这位朋友瞥见一双漂亮的大红鞋子，拿起来一看，简直令人不敢相信，原价70英镑的鞋子只要7英镑。她试了试，觉得皮软质轻，实在是完美无瑕。更可爱的是，身上的红外套，倒像是为这双鞋订做的。她把鞋捧在胸前，然后招手呼唤服务小姐。

过了一会，工作人员笑眯眯地走了过来：“您好！您喜欢这双鞋？正好配您的红外套。”她伸出手说：“能不能再让我看一下？”朋友把鞋子交给她，不禁担心起来，问：“有什么问题吗？不会是价钱弄错了吧！”那位服务小姐赶紧安慰说：“不，别担心，我只是要确认一下是不是那两只鞋。”朋友说：“什么叫两只鞋，明明是一双啊。”

那位服务小姐并不隐瞒什么，道出了实情：“既然您这么中意，而且打算买了，我一定要跟您说明一下，把真实情况告诉您，请到旁边坐。”

两个人来到一个僻静的角落坐下。服务小姐真诚地说：“谢谢您购买我们的产品。不过，非常抱歉！我必须让您明白，它真的不是一双鞋，而是相同皮质，尺寸一样，款式也一样的两只鞋。”

听到这里，朋友心里一惊。接着，这位服务小姐继续说：“您仔细比较一下，虽然颜色几乎一样，但是，还是有一点色差。我们也不知道是否以前卖鞋时，销售员或者顾客弄错了，各拿了一只，所以剩下的左、右两只正好又能凑成一双。我们不能欺骗顾客，免得您回去发现真相以后，后悔而责怪我们，如果您现在知道了而放弃，您可以再选别的鞋子。”

至此，朋友显然被感动了，她被这家百货公司的真诚服务态度所折服。转念一想，穿“两只鞋”又不是立正齐步走，或是让人蹲下仔细比较两边色泽，既然价格这么便宜，质量也不错，还是买了吧。然后，除了买那“两只”鞋以外，她又买了“两双”其他款式的鞋子。

在以后的日子里，这位朋友每次看到那那“两只”鞋，仍然把它们当作最爱。如果有人称赞那双鞋颜色漂亮、款式大方，这位朋友仍旧不厌其烦地讲述那个动人的故事。唯一的后遗症是，每次她到伦敦时，总喜欢抽空去那家百货公司捧回两三双鞋。

这家百货公司为什么生意兴隆？显然，离不开他们对信誉的精心维护。正是良好的商誉，让他们赢得了更多的顾客，有了好名声，自然生意兴隆。反观那些亏损倒闭的店铺、公司，以及宣布破产的个人，无不是遭遇了严重的信任危机，才把自己逼上了绝路。一个人连生存的机会都失去了，又怎么能影响他人、吸引更多追随者呢！

在这个利益激烈博弈的年代，信任与信誉显得更加珍贵。一些名牌产品因为质量问题，被民众抛弃；一些大公司因为责任缺失，轰然倒塌。表面上看，这都是由于信任危机引起的；从根本上说，则是信仰缺乏导致的恶果。无论是个人还是组织，如果失去了基本的信仰，放弃了原有的信条，那么就失去了立足的根本，最终会被大众、社会抛弃。

提升信任度会增进关系亲密度

在任何一个组织里，彼此信任度的下降，必然导致合作关系破裂，最后造成整体利益的丧失。失去信任，意味着原有的共同价值观不再发挥作用，正所谓人心散了，那么团队也就失去了战斗力。或者说，团队信仰的缺失，会从根本上动摇组织的生死。

而在生活中，提升你与他人的信任度会让彼此的关系更密切。实际上，当彼此的信任度增强的时候，双方就找到了共同的价值观，进而会在某些重大问题上作出一致的判断和追求。有时候，这种提升信任度的努力可能挽救人的性命。

有一位犹太传教士，每天早晨总是按时到一条乡间土路上散步。无论见到任何人，他总是微笑着热情地打了声招呼："早安。"

当地，有一个叫米勒的年轻农民，对传教士的问候反应冷漠。原来，当地居民对传教士和犹太人的态度很不友好。但是，这并没有改变传教士的热情，每天早上，他仍然给这个一脸冷漠的年轻人道一声早安。终于有一天，这个年轻人脱下帽子，也向传教士道了声："早安。"

过了几年，纳粹党上台执政。这一天，传教士与村中所有的人，被纳粹党集中起来，送往集中营。下火车后，大家要列队前行，这时会有一个手拿指挥棒的军官在前面喊话："左，右。"被指向左边的是死路一条，被指向右边的则还有生还的机会。

很快，传教士的名字被这位军官点到了。他浑身颤抖，走上前去。当传教士无望地抬起头来，与军官对视的那一刹那，两个人都惊呆了。传教士习惯地脱口而出："早安，米勒先生。"米勒先生虽然克制住了自己的惊奇，但还是忍不住说道："早安。"声音低得只有他们两人才能听到。米勒先生看着传教士，犹豫了一秒钟，将指挥棒指向了右边，低声说："右。"

显然，传教士曾经用自己的谢意感化了米勒先生，让后者认同自己的价值诉求。这极大地提升了双方的信任度。乃至过了若干年，当彼此习惯性地对话时，仍能从中找到那份熟悉感、亲近感。正是在这个背景下，米勒先生本能地拯救了传教士。信条的力量何其伟大，由此可见一斑。

在组织中，提升大家的信任度、合作关系，才容易实现整体利益的最大化。反之，如果没有信任与合作关系，那么无人能够从中获益。因此，领导者需要推进互信、互助的组织文化，从而增进团队关系的亲密度，增强团队的凝聚力。

一个年轻人经常和别人吵架，显得很不合群。他找到一位德高望重的老人，问道："身边的人都不喜欢我，我简直生活在地狱里，怎样才能过上天堂那样的生活呢？"

听到这里，老人回答说："走吧，我带你去看看。"于是，两个人来到一座大房子面前。他们进入一个房间，看到中间的桌子上堆满了美味佳肴，围在旁边的那些人都拿着长长的钢叉，夹菜时你争我夺。但是，一根根钢叉在空中交错碰撞，可口的菜肴掉了满桌，咒骂声此起彼伏，没有人能真正吃上几口美味可口的菜，每人都面色憔悴、骨瘦如柴。

接着，老人带着年轻人来到另一个房间。在这里，也有一大桌美味佳肴，房间里的每个人也拿着长长的钢叉，然而大家脸色红润、白白胖胖。原来，每个人都用钢叉、勺子把菜送到别人嘴里，显得既轻松又开心。大家在彼此相互道谢之余，对菜的美味赞不绝口。

最后，老人转身对年轻人说："什么是天堂，什么是地狱，这回你明白了吧！"年轻人恍然大悟，不停地点头："我懂了。大家相处，不能只想着自己。"

对领导者来说，尤其需要推进互助文化的建立，让每个人都明白彼此扶持的重要意义。在这种信念的指引下，团队成员齐心协力，自然容易开拓新局面，作出一番事业。

研究表明，一个团队必须有一个灵魂人物，领导者的指令、态度本身就是在呈现一种价值观，这构成了团队的信仰。显然，只有大家接受你的信条，才会乐于追随，有所贡献。

用宽恕的智慧对待他人

人生的信仰，决定了一个人的视野大小、胸怀宽窄，进而影响到他的处世态度、成事智慧。在心灵深处，宽容的光亮可以给前行的人更多指引，走得更远，看得也更深。

宽容之心，是一种伟大的力量。它庇护了当下人们不成熟的尴尬，给人更多机会，于是有了溪流汇聚成海的博大。用宽恕的智慧对待他人，把它作为一种人生信仰，不但能帮助别人成长，也可以拓展自己的善心和善念，让生命更加厚重。

老师发现一位学生上课时总是低着头，好像在画些什么。这一天，他走过去，拿起学生的画，发现画中的人物正是自己，令人气愤的是上面的人物龇牙咧嘴，面目可憎。如果是其他老师，一定大发雷霆，狠狠教训一下这个不懂事的孩子。但是，老师并没有发火，只是憨憨地笑着，让学生课后再加工一下，画得更神似一些。谁也没有想到，此后那位学生上课时再也没偷着画画，而且各门功课都成绩优异。更令人吃惊的是，他后来成了颇有造诣的漫画家，在圈内小有名气。

宽恕别人，是一种大善，也是人生信仰的应有之义。懂得如何宽恕别人，让对方乐于接受，则是一种大智。有了后面这种努力，你的宽恕之心在当下才更有意义。既然宽容的种子能长成大树，那么我们在生活中要懂得宽恕他人，成全自己。有了这种智慧，无论做人做事都能顺利打开局面，在着眼当下的同时关照明天。

一天中午，在一个规模不大的餐厅里，坐着三个客人：一个老人，一个年轻人，还有一个中年妇女。或许是因为店里客人不多，照明灯没有完全打开，显得有些昏暗。女人坐在一个靠窗的角落里，年轻人手捧一碗面条，坐在靠近门口的位置，和老人相邻。

忽然，女人发现年轻人的注意力集中在老人身上，确切地说是老人放在桌上的钱夹。接着，事实证明了女人的判断。只见老人侧身点烟的时候，年轻人的手快速而敏捷地伸向钱夹，然后把它快速放进自己的口袋，并试图迅速离开。

很快，老人也似乎明白了什么，马上站起来，走向早已到达门口的年轻人。女人很替老人担心，这么大年纪怎么能对付一个身强体壮的年轻人。这时候，老人说："小伙子，请你等一下。"年轻人一愣，只听老人继续说："是这样，昨天是我六十岁生日，我孙子送给我一个钱夹，虽然我并不喜欢它，但是那毕竟是孩子的一番孝心。我刚才把它放在了桌子上，可是现在它却不见了，我想它肯定是不小心掉到地上了。我的眼睛花了，身体也不灵便，你能帮我找一下吗？"

听到这里，年轻人紧张的神情消失了，他擦了一把额头上的汗，然后说："您别着急，我来帮您找找看，钱夹应该就在地上。"说完，年轻人弯下腰去，沿着老人的桌子转了一圈，然后把钱夹递给老人："老人家，您看看，是不是这个？"老人紧紧握住年轻人的手，激动地说："谢谢！谢谢你！真是不错的小伙子，我永远不会忘记你的善良。"

看到这里，女人惊呆了，没想到老人这样对付一个小偷。她好奇地走过去问老人："您本来已经确定钱夹就是他偷的，为什么不报警呢？"老人微微一笑，语重心长地说："虽然报警同样能够找回钱夹，但是我在得到它的同时，也将失去一种比钱夹要宝贵千万倍的东西，那就是——宽容。"

谁说老人糊涂，谁说老人胆小怕事，其实他内心跟明镜一样，对世事有着深刻的体察，见地比平常人更高一筹。最根本的一点是，他把宽恕当做生活的智慧与信仰，并用它处置身边的人和事。有了这种念头，所谓的难事也就变成容易的事情了，而且能把所有事情处理得圆圆满满、妥妥当当。

生活中有太多烦心事，诸多矛盾和竞争不可避免，面对他人的不友好，采取以德报怨、化敌为友的策略是一种高明的智慧。事实上，无论我们有多么充分的理由指责对方，都会损害他的荣耀感和自尊心，并且使自己浪费了宝贵的时间和精力。学会宽容，善于包容对方，用这种理念与人相处，会让自己的选择更明智。

宽容这种信仰，像水一样，看似柔弱，却是最有力量的。事实上，宽容不是怯懦胆小，而是关怀体谅。宽容是给予，是奉献，是建立人与人之间良好关系的法宝。宽容不仅需要一种大胸怀，更体现了一种精神层面的睿智。当你用智慧宽恕了别人，也就为自己创造了一个融洽的生存环境，让生命显得更加厚重。

第十辑

信仰成就理想的高度与生命的厚度

不同的信仰，造就不同的人生。内心坚持梦想，坚持屡败屡战，意志坚定刚毅，这样的人生更厚重。因此强化内心强大的信念，让生命变得伟岸起来，是成功者的不二法门。

信仰的高度决定成就的高度

在许多事情上，成功是信念实现的结果。一个人的信念如何，决定了他一生的成就有多大。内心毫无念想，也不为此奋斗的人，不可能交出一份亮丽的成绩单。所以，强化内心强大的信念，并让它足够大，你的生命也会变得伟岸起来。

三百多年前，建筑设计师克里斯托·莱伊恩受命设计了英国温泽市政府大厅。他运用工程力学的知识，依据自己多年的实践，巧妙地设计了只用一根柱子支撑的大厅天花板。一年以后，市政府权威人士进行工程验收时，却说只用一根柱子支撑天花板太危险，要求莱伊恩再多加几根柱子。

经过一番研究，莱伊恩自信只要一根坚固的柱子足以保证大厅安全。但是，他的“固执”惹恼了市政府官员，甚至险些被送上法庭。莱伊恩非常苦恼，如果坚持自己的主张，设计方案肯定会被淘汰；如果不坚持，这显然有悖自己的为人准则。思虑再三，莱伊恩终于想出了一条绝妙的办法：他在大厅里增加了四根柱子，不过这些柱子并未与天花板接触，只不过是装装样子。

几百年来，这个秘密始终没有被人发现。直到几年前，市政府准备修缮大厅的天花板，才发现莱伊恩当年的“偷天换日”。消息传出后，世界各国的建筑专家和游客云集到这里，渴望一睹真容。而当地政府对此也不加掩饰，特意将大厅作为一个旅游景点对外开放，旨在引导人们崇尚和相信科学精神。

在建筑历史上，莱伊恩并不是最出色的；但作为一个人，他无疑是杰出的。这种伟大表现在他始终恪守着自己的信仰，给高贵的心灵一个美丽的住所，哪怕是遭遇到最大的阻力，也要坚守到底。正是这种信仰，成就了生命的高度，让人肃然起敬。

由此看来，信仰不仅有力量，也有高下之分。那么，一个人的信仰与信念究竟是如何形成的？如何在有限的人生岁月中构建信念的维度呢？

根据我多年的观察，一个人最初的选择，决定了他未来的命运。或者说，信念的形成往往是从人生最初的阶段生根发芽的。

我的朋友有一个可爱的女儿，上幼儿园了。有一次接孩子回家时，他遇到幼儿园园长，闲聊中便向对方请教怎样更好地教孩子、带孩子。园长没有给他说一些高深的理论，只是讲了一个故事，让人感慨良久。

夏季暴风雨后的一个清晨，三个孩子到海边沙滩上玩。这里的浅水洼里留下许多被暴风雨卷上岸来的小鱼。太阳渐渐升起来了，如果水蒸发掉，这些小鱼就会被晒干。

第一个孩子看到这些可怜的小鱼，没有丝毫同情。他在想，这水洼里有成百上千条鱼，凭我一个人的力量根本救不过来，还是别费力气了！于是，他继续开心地玩耍起来。

第二个孩子刚看到这些鱼，就弯下腰，双手捧着它们，放回大海。第一个孩子在旁边说："水洼里有这么多鱼，你能救得了几条呢？还是省点儿力气吧。"但是，第二个孩子没有理会这些，只是一条条地把鱼捡起来扔进大海里。

第三个孩子看到水洼里有那么多鱼，他干脆把小鱼装进用自己的衣服做成的口袋里，拿到集市上去卖了。

多年以后，第一个孩子做了医生。有一次，他嫌家属带的钱太少而拒收一位生命垂危的伤者，结果因为错过了最佳治疗时机而导致对方死亡。最后，他被医院开除了。不过，他觉得自己挺委屈的，不禁想到了多年前海滩上的那一幕：那么多的小鱼，我救得过来吗？

第二个孩子也做了医生。他不仅医术高明，而且医德高尚，无论患者有没有钱，都把救死扶伤放在第一位。身边有人说他很傻，不过他却坚持自己的信念，并常常回忆起海滩上的那一幕：我救不了所有的人，但我可以尽力多救几个，这样就会心安一些。

第三个孩子成了商人，因为精于算计，很快就发了财。发达以后，他又用金钱开道，步入官场，一路青云直上。但是，没过几年，他就因贪污受贿入狱，最后走上了刑场。即将离开这个世界的时候，他脑海里也浮现出了海滩上的那一幕：一条条小鱼在布袋里挣扎，一双双绝望的眼睛死死地瞪着他。

人生最初的念头，会深刻影响一个人的价值选择与职业操守。信念有大小，信仰有高低，于是每个人的生命轨迹呈现出不同的形态。那些道德情操令人钦佩，事业空间广阔的人，必然信念坚定、志向高远，所以他们做事的气度与众不同，能力非凡。

也许在生活或工作中，你对一些事物的做法常常不被别人认同和理解，这时候，你仍然可以在别人的怀疑中坚持自己的信念，保持自己的自信，恪守自己的原则。用强大的信念成就人生的高度，这是许多伟大人物的成功定律。

不要轻易扔掉梦想

有梦想的人，永远会充满斗志上路，并为此孜孜以求。而人生最可悲的是，丢掉自己的梦想，让碌碌无为成为生命的主旋律。当信仰缺失，信念不在，生命的意义也就烟消云散了。

在我身边，那些有所建树的人，都没有丢弃最初的梦想。或者说，他们不断构建新的梦想，并持之以恒地努力奋进，才有了现在的成就。为什么梦想有这么大的威力？根本原因在于，它是个人心境的真实写照，所谓梦想往往是一个人最心醉神迷的事情。所以，他们一旦为了梦想而做事，就会调动自己全部的才智和精力，直到有所成就才肯罢休。

一天，纽约曼哈顿区的一位神父受邀主持教区医院一位病人临终前的忏悔。当时，病人是这样说的："仁慈的上帝！我喜欢唱歌，音乐是我的生命，我的愿望是唱遍美国。作为一名黑人，我实现了这个愿望，我没有什么要忏悔的。现在我只想说，感谢您，您让我愉快地度过了一生，并让我用歌声养活了我的6个孩子。现在我的生命就要结束了，但死而无憾。仁慈的神父，现在我只想请您转告我的孩子，让他们做自己喜欢做的事吧，我会为他们感到骄傲的。"

事实上，这位病人是一个流浪歌手，他在临终时说出这样的话，完全发自内心。这让神父非常吃惊。一个人坚持自己的梦想，并作出一番成就，内心必须有强大的信念才行。而在生命旅程中，最强大的信念往往是一个人的梦想。

这名黑人歌手穷困潦倒，所有家当就是一把吉他。他的工作是每到一处，用他苍凉的西部歌曲，感染听众的心，从而换取那份他应得的报酬。这在常人看来，是难以理解的。忽然，神父想起几年前曾主持过的一次临终忏悔。那是一位富翁，其忏悔主题与黑人歌手竟然是如此相近。

当时，富人是这样说的："我喜欢汽车，我从小研究它们、改进它们、经营它们，一辈子都没离开过它们。这种爱好与工作难分、闲暇与兴趣结合的生活，让我非常满意，并且从中还赚了大笔的钱，我没有什么要忏悔的。"

对比两次忏悔，神父不禁陷入思考。在当天的日记里，他这样写道："人应该怎样度过自己的一生，才不会留下悔恨呢？我想也许做到两条就够了：第一，坚持自己的梦想；第二，想办法从中赚到钱。"

梦想的力量，来源于信仰的支撑。带着梦想上路，会给生命增添更多色彩。一生的时间很短，也很长。生命中注定要经历太多坎坷、喜乐，给自己一个有梦的人生，无疑让我们拥有更多美好期待，也拥有更多奋进的力量。

乔安娜·凯瑟琳·罗琳出生于英国一个不知名的小镇，与其他人一样，她只是一个普通的小女孩。她没有出色的外表和显赫的家庭，与大多数人一样上了一所普通的大学。但是，她的想象力非常丰富，即使在大学期间仍然到图书馆看一些童话书。

25岁那年，罗琳毕业去了具有童话色彩的葡萄牙，这是她梦想中的圣地。在这里，她很快找到了一份英语教师的工作，业余时间继续想象着她的童话世界。后来，一位青年记者走进了她的生活，对方的幽默、风趣令人倾倒，于是他们很快走进了婚姻殿堂。

然而，罗琳的奇思异想让丈夫苦不堪言，不久两人就分道扬镳。罗琳带着女儿开始了新的生活，这成了她生命中最沉重的一击。坏事接踵而至，不久她又被学校解聘了，于是不得不回到故乡，靠政府的救济金生活。但是，罗琳始终没有放弃自己的梦想，依然把童话世界当做自己的一种精神归宿。

一次，在领救济金的时候，罗琳坐在冰冷的椅子上等地铁，一个日思夜想的童话人物形象突然涌上心头。回到家，她铺开稿纸，多年的积累让她的灵感和创作热情一发不可收拾。几个月后，第一部长篇童话《哈利·波特》问世了，书一上市就畅销全国，销售了几百万册。后来，她又陆续创作了一系列童话作品，继续上演了销售奇迹，从此过上了舒适的生活。

爱因斯坦曾经说过："人类因梦想而伟大。"我们获得的每一次进步，最初都源于自身的梦想。对每个人来说，最稀缺的东西是梦想和价值观。在内心深处播种梦想，才能不畏艰难、努力拼搏，并在人生历程中有所建树，保持持续的激情。

事实上，每一个人都是有梦想的，不同的是，当遭遇挫折时，更多的人都放弃了自己的梦想，选择向命运投降。这样的人，又怎么会让生命焕发勃勃生机呢？请不要畏惧艰辛，也不要害怕失败，即使跌倒了，也要赶快爬起来，掸掸身上的尘土，再次上场一拼，从而迎来梦想成真的那一刻。

坚信自己是穷人，注定一辈子受穷

翻开千年财富史，可以发现一个有趣的现象，那些巨富商贾大多有着贫苦的出身，只不过他们抓住了机遇，或者经过多年苦心经营才富甲一方。究竟是什么让一些穷人最终变成了富人，而有些穷人终生无法改变命运呢？

其实，贫困是信念力走偏造成的。也就是说，一个人致富的信念不够强大，甚至认为自己命中注定就是穷人，这样的人必然一辈子受穷。

事实上，穷人之所以贫穷，不仅仅是因为他们的身份和地位，也不是因为机遇的限制，根本原因是他们缺乏一个会赚钱的头脑。富人之所以富有，不仅仅是因为他们手里拥有坚实的财富基础，而是他们有一个懂得如何赚取财富的头脑。

曾有一个生活潦倒的穷人跟一个家财万贯的富人做了邻居，穷人见富人生活得那样舒适和惬意，于是对富人说："我愿意在您的家里为您服务三年，我不需要您支付我劳务费，您只需要让我吃饱饭，并且有地方睡觉就好了。"听到这里，富人很满意，便立即答应了穷人的请求。三年后，穷人的服务期满，离开了富人的家，从此不知去向。

转眼过了十年，昔日的那个穷人出现了，然而此时的他已经成为当地少有的富豪之一了。他曾经服侍过的那个富人，此时也只能甘拜下风。于是，富人向这个昔日的穷人提出了一个请求："我愿意出 10 万贯铜钱买你变富有的经验。"昔日的穷人听后哈哈大笑："十年前，我就是用三年的时间吸取了你的精华，才有了今天的成就，现在你反而要花钱来买这些经验，岂不是很讽刺吗？"

可见，贫富不是由命运来安排的，富人的头脑和经验才是他们获得成功的关键。如果一个人认为自己注定贫穷，那么他就不会有获取财富的主动性，也不会在这上面多花心思。而那些把获取财富当做人生梦想与信仰的人，则在之后不懈的追求中具备了致富的思路、掌握了致富的方法，从而在将来某个时刻抓住机会，富甲一方。

由此可见，一个人贫穷，首先是脑子穷。或者说，他们缺乏让自己富有的勇气和魄力。这种思维上的先入为主，会从根本上束缚人们致富的冲动、追求。而当一个人的思路变得保守、狭窄的时候，他想达成自己的理想就变得异常艰难了。

有一个富翁的孩子，毕业后平步青云，全权操盘价值十五亿的房地产项目。多年的顺境让这个年轻人变得骄傲，幼稚，浅薄，情绪化。他不顾市场需求，不管客户购买力，不考虑成本，不看时局，一味要造最好的房子，造成项目投入不断扩大，设计一改再改，工期一拖再拖，终于把公司逼到了进退维谷的境地。最后，面临三亿资金的缺口，年轻人无奈去高尔夫球场找父亲寻求解决办法。

听完孩子的倾诉，父亲说："年轻的时候我喜欢刺激的运动，于是刚到美国的时候参加了射击俱乐部，可我发现那里的会员都带着一股怒火，仿佛把子弹打出去才能发泄出来，后来我发觉在射击俱乐部里的人都是来自中低层的人，他们整天被拒绝，只能靠射击来找平衡。后来，我到了华尔街，那里的成功者各有特点，可我没有把目光聚集在这些成功人士身上，而是把注意力放在了少数的失败者身上。我发现，他们无论什么出身，来自什么阶层，都延续了一个特点，那就是小巷思维，就好像身在一个小巷里，不是进，就是退，甚至连转身的余地都没有，这就把自己逼到了绝路上，这样就会有压力，压力多了就会失控，而我说过失控是最坏的局面。"

年轻人接着问其中的缘由，父亲回答："是谁把他们放进小巷里的呢？是他们自己。你看，眼前这一片绿地，你往哪里走都可以，有很多选择，你愿意在绿地里？还是在小巷里？有时候，需要退一步海阔天空。"听到这里，年轻人终于明白了，一个人的思路决定了出路。如果无法打破头脑中的禁锢，终究无法迈出关键性的一步，就无法给自己一个成功的人生。

一个人贫穷，不是天生注定的。通常，只要足够勤劳、懂得应变，都容易逐渐变得富有起来。但是，一个人如果在内心深处缺乏物质上富有的念头，那么他的种种努力通常会化为乌有。

在这个世界上，金钱是平等的，人格也是平等的。一个人是贫穷，还是富有，关键在于是否有赚钱的欲望与自信。对一些人来说，生活可能让他们饱尝了种种不幸，带给他们种种挑战，但是只有不向命运低头、奋力拼搏，就有改变的机会。即使你前半生贫穷，但是只要把获取财富当做下半生的信仰，那么就能实现自己的财富人生。

胜利者就是比别人能坚持的人

在成功生活的公式中，坚毅是无可取代的。事实上，在现实生活中许多人拥有大好的机会，只因为太快放弃而未能达成目标。要知道，热衷也能在一夜之间被懒惰和不耐烦所取代，唯有坚毅和决心才能让人坚持到最后。

如果你是在做一件有价值的事，一定要坚持到底。有了这种信仰，自然能够积极面对那些令人不开心的事情。生命的价值在于，人们在奋斗的过程中不断成长、不断进步。通常，这种过程是痛苦的经验或是深刻的体验，未经磨难是不可能成功的。因此，每个人从生到死，就是一连串的成长与考验，关键是从每次挑战中累积成长的智慧。

爱默生说："放手去做，你就会拥有力量。"迎接磨难并予以克服，你就会拥有足够的力量开拓局面。在森林中，最高大的树木并未受到精心的培育，它们必须和环境搏斗，和周围的树木争夺养分才得以生存。磨难与挑战同样可以强化人们的意志。为此，首先要丢掉一生平坦顺利的奢望，把坚持战斗的信仰刻画在心里，拒绝庸庸碌碌过一生的想法。

开学第一天，苏格拉底对学生们说："今天咱们只学一件最简单也是最容易的事儿。每人把胳膊尽量往前甩，然后再尽量往后甩。"说着，苏格拉底示范了一遍。“从今天开始，每天做 300 下。大家能做到吗？”

听到这里，学生们都笑了。这么简单的事，太容易做到了。一个月以后，苏格拉底问学生们：“每天甩手 300 下，哪些同学还在坚持着？”有 90% 的同学骄傲地举起了手。又过了一个月，苏格拉底又问，这一次，坚持下来的学生只剩下八成。

很快一年过去了，苏格拉底再一次问大家：“请告诉我，最简单的甩手运动，还有哪几位同学坚持到了现在？”这时候，整个教室里只有一人举起了手，他就是柏拉图——日后成为了古希腊伟大的哲学家。

柏拉图为何能坚持下来？究其原因，最根本的一点是，他内心深处有一种信仰，一种坚持下去的坚毅信念让他把一件看似简单的小事做到了极致。

世间最容易的事，常常也是最难做的事，最难的事也是最容易做的事。说它容易，是因为只要愿意做，人人都能做到；说它难，是因为真正能做到并持之以恒的，终究只是极少数人。那些半途而废的人，经常把这些话挂在嘴边，比如“这不值”、“事情可能会变坏”、“这样做毫无意义”，等等。而坚持信念的人会说“做到最好”、“再坚持一下”。

把坚持下去的信念挂在心头，即使经历许多磨难之后，也能努力保持持续的激情。正如美国亨利福特汽车公司创始人亨利·福特所说：“你时刻会面临艰难、失败和痛苦，但是你必须好好干。成功者不过是爬起来比倒下去多一次而已。只要怀有一个梦想，便没有办不到的事。”

胜利者，往往是能比别人多坚持一分钟的人。即使精力已耗尽，仍然有一点点信仰残留着，去做最后的冲刺。在这些人的心里，永远不会觉得自己比他人幸运，只不过他们更有毅力，在最困难的时候熬住了，比他人多坚持了一秒钟、两秒钟。无论何时，胜利者都会信心百倍地去全力争取人生的幸福和成功，并永远激励自己：离成功我只有一海里，只要再多一分钟的坚持！

坚守信仰的人，会勇于面对环境的考验，用努力奋斗博取更多机会。

磨难对他们来说，是前进的动力，而不是停滞不前的借口。事实上，未经磨难的人生无法得到任何有价值的东西。事实上，简单的事情每个人都能做得，又如何显示你的与众不同呢?

对每个人来说，未必需要超出常人的智慧才能有所成就。许多时候，只要在内心深处种植信仰的种子，凡事都能再坚持一下，就能创造非凡的奇迹。至于困难、磨难，不过是砥砺刚毅志向的踏脚石。

跌倒了，换个地方爬起来

没有一个人从没跌倒过，而最后一次跌倒，若爬起来了，人们就把他叫作成功者，不管他以前曾经失败过多少次。因此，无论你遭受怎样的重大失败，都要尝试着重新站起来，把这股坚定的信仰植根内心深处，人生的大厦将永远不会坍塌。

事实上，人一生总免不了要遭到这样那样的失败。严格地说，每个人每天都会有失败。只不过在平常日子里的一些小失败，对你的刺激不大、印象不深、没有引起你的注意罢了。一般说来，失败总是多于成功、先于成功。所以，过不好失败关，经不住失败的考验，就很难取得胜利、取得成功。

沃克很有经商头脑，早年他带着4000美金及耗费9个月心血研制出的一项关键技术前往纽约，他希望在那里找到自己的一片天地。也正是凭借这项技术，他在半年时间内赢利百万美元，令人刮目相看。

不久，他创立了一家技术公司，并依靠出色的经营智慧实现了一个世所罕见的三级跳：一年成为百万富翁，两年成为千万富翁，三年成为亿万富翁。至此，没有人怀疑他的能力，也没有人敢小觑这个年轻人了。

后来，他积极推动公司上市，在短时间内依靠公司股票暴涨迅速实现了财富增值。在整个华尔街，令人瞩目。然而，在一次全国性的金融危机中，他经营的公司遭遇了重大挫折，尤其是面对股票暴跌，以及投资人信心指数骤降，他顿时陷入了破产的边缘。曾经风光无限的那个商界精英光环不再，原先羡慕的人群调转身姿，去关心其他自己感兴趣的事情了。

当所有人都对他不报希望的时候，沃克却在谋划新的项目。他反思自己为何失败，重新观察市场，并从中找到商机。他没有时间去悔恨和抱怨，而是努力从跌倒的阴影中再次爬起来。随后，他带着一个新产品卷土重来，又在市场中站稳了脚跟。

这个世界不可能没有“坎坷”二字，当你大张旗鼓地创业时，或者抱着极大热情进入一个新领域时，一定要将“敢于承担责任”、“屡败屡战”刻画在内心深处。一旦遇到风吹草动，务必要用行为宣示“依靠信念东山再起”的成长智慧。在人生命运沉浮变幻的序列中，一个人必须具备再次崛起的魄力，才能让生命的价值得以彰显。

研究发现，失败并不是一种静止的局面，它还会发展变化。它不向好的方向发展，就会向更坏的方向发展，使你一败涂地，不可收拾。如果你的态度正确，就可以把失败变为胜利；如果你的态度错误，那就会受到更严重的第二次打击。因为，失败是会发生连锁反应的。因此，一个人应高兴地看待自身曾经经历过的众多挫折，因为正是由于它们才使我们获得勇气，才使我们能够去从事我们在保护之下所永远不敢去做的事情。

要学会正确对待失败，首先就要学会正确地对待失败所带来的痛苦。失败中最难对待的就是自己精神上的痛苦。许多人在受到第一次打击时，就精神涣散，失去理智，失去了防守和反攻的能力，放弃了眼前可以转败为胜的机会，坐等第二次打击的到来。失败中最可怕的、最误事的正是自己精神上的痛苦。

对每个人来说，在遇到失败的时候，必须立即有效地克制自己的痛苦，集中精力投入到工作中去。有信心、有勇气，正是在精神上对失败有所准备，在思想上对失败有正确认识的必然表现，破釜沉舟，背水一战，也正是在精神上对失败作了充分准备的一种特殊表现。

那些胜利者的经历给我们这样的启示，在困难面前最不能退缩的是人生的信念，因为这是我们立足的根本。许多时候，如果能够挺过这一关，往往能获得再铸辉煌的机会。信仰屡败屡战的人，即使跌倒了，一定会再爬起来！

第一，不爬起来，你就没有机会。自古锦上添花易，雪中送炭难。你跌倒了，如果不立刻爬起来，那么别人会认为你没出息，自然更不会主动帮你。若立刻爬起来，重整旗鼓，才是真正的大赢家。

第二，"跌倒"并不代表永远不起。只有爬起来，才能继续战斗，去实现自己的理想，躺在地上是不会有任何机会的。所以，你必须要爬起来，你必须重新整理自己的情绪，投入新的战斗，发现另一个全新的世界。

第三，换个地方爬起来，也是英雄。在行进的路上跌倒，并不可怕，只要你能重新站起来就依然是英雄。至于在哪里爬起来，有人说"在哪里跌倒，就在哪里爬起来"，其实也不尽然，你也可在别的地方爬起来，去创造一个全新的自我。

总之，失败的时候最需要我们去努力争取，改变眼前的困局。有时候失败看起来固然是不可挽回的，其实如果把目的搞清楚，就会看到通向目的地的路不止一条。坚定信心，换一条路试试，往往可以出奇制胜，殊途同归。

意志力是生命最好的补药

森林里的大树经过了风雨的洗礼，才变得茁壮高大。与那些匍匐在地的小草相比，大树坚韧的意志力是他们枝繁叶茂的重要原因。在信念指引下做事的人，必然意志坚定、不畏艰险。顽强的意志力让生命力焕发活力，胜过他人的提携与鼓励。

我有一位朋友从事推销工作，他白手起家，经历了一个从无到有的过程，其中的艰辛不是常人能够体会的。早年，他为了见一个客户，淋雨好几个小时。多年以后，每次想起这段经历，他都会深有感触地说："年轻人不要怕吃苦，更不能被困难吓倒，要有面对失败的勇气和坚忍的毅力。"

对待经营业绩，他从来不认为自己做得足够好，反而督促团队成员明天要比今天做得更好。他说，做销售没有彻底胜利的那一天，你必须持续努力，使业务不断改善，要有一股向前进取的劲头。有了这种强大的意志力，才会迎来持续发展的局面。

人的内心充满了各种欲望，而时间和行动却是有限的。在生命的旅程中，人们总是被各种诱惑包裹着，如果不具备强大的意志力，很可能随波逐流，让自己璀璨的人生淹没在洪流中。比如，遇到困难的时候，人容易退缩；发现新的机会，人容易走神；蝇头小利，容易使人耍小聪明，做出愚蠢的事情。归根结底，这都是人性的弱点干扰了内心，这时候必须借助强大的意志力确保不迷失自我，沿着梦想前行。

我曾经反复告诫年轻人，强大的意志力与信念力驱动着我们的身体，是引爆人生正能量的密码。当一个人受到突然打击时，首先就应该克制痛苦，不要把注意力放在那些无益的感慨上，然后集中精力想一件事：

现在应该怎么办？最妥当的做法是，用吃苦的心态磨练自己。

在我们身边，许多人一旦遭遇挫折，就会彻底向命运投降。他们失败的原因很多，心态上没摆正位置，是最根本的一点。做一件事的时候，要保持积极、乐观的心态，胜不骄败不馁，这是成功的基础。一个人如果心态不好，不能适应现实的发展局面，就难以做出正确决策，更无法采取切合实际的行动。

以前，我在碰了钉子以后，常常在脑子里映出两个大字“失败”。后来得知，它盖住了一切，束缚了我的智慧。实际上，这是我意志力不够坚定的结果。在一位导师的帮助下，我尝试着精确地描述失败，比如说明它是某一局部的失败，还是某一段时间内的失败，或者是某一次试探的失败、暂时的失败……当我清楚地把它写在纸上，内心的痛苦竟然大大减轻了，重新燃起了信心和斗志。

再后来，当遭遇挫折和失败的时候，我开始习惯用坚韧的意志力来对抗它们，并对自己提出了更高的要求：不仅是要克制痛苦，而且要乐观地积极行动；不仅是要看到有利条件，而且要有信心有能力用自己的行动去创造出那些原来没有的必要条件；不仅要看到失败的局部性、暂时性，而且要看准获得成功的时机，勇敢地抓住它，去努力奋斗。

提起当代杰出的理论物理学家霍金，许多人不仅为他的深厚理论所吸引，更为他在疾病缠身的情况下取得成功的坚强所折服。出生于1942年1月8日的史蒂芬·霍金，从小热衷于搞清楚一切事情的来龙去脉。然而过完21岁生日后，朝气蓬勃的霍金被确诊患上了“卢伽雷氏症”，即运动神经细胞萎缩症。就读于牛津大学物理系、踌躇满志的霍金经受了沉重的打击，几乎放弃了一切学习和研究。后来，简·瓦尔德走进了霍金的生活，并给了他甜美的爱情。但是，霍金的病情逐渐加重，1970年开始使用轮椅生活。

然而，面对严酷的生活挑战，对科学研究日益着迷的霍金并没有放弃自己的理想和事业，他成为轮椅挑战命运的勇士。从著名的《时间简史》到“霍金辐射”，在涉及宇宙起源、宇宙大爆炸的奇点、黑洞辐射机制等重大科学理论研究上，霍金创造了自己辉煌的事业颠峰。而这一切成就的取得，不仅在于他聪慧的头脑，更源于他自强坚毅的个人品质，正是凭借强大的意志力，这位科学家完成了一次次壮举，光耀后世。

一个人做任何事情，无论成功，还是失败，都取决于他能否战胜内心的欲望，能不能抵制外界的干扰。那种把个人荣辱归结于命运的做法，实在愚蠢。或者可以这样说，一个人没有天生的穷命和贱命，只看你用什么样的心态来磨练自己。当一个人具备了坚韧的意志，任何困苦显然都无法打倒他。

意志力的巨大作用，怎么强调都不过分。意志坚定，自然自信满满，也容易确立起坚定地信仰，而这正是每个人迎战未来的资本。

继续朝你“取经”的地方去

时代的潮流永远是向前的，坚信这一点，不为过去的成绩骄傲，只为明天的荣光奋斗，那么你的生命才显得朝气蓬勃、斗志昂扬。须知，成绩是重新出发的号角，一个人懂得向前奋进，继续朝着自己“取经”的地方去，就能在不断超越自我中完成价值的重塑，加重生命的厚度。

多年来，我发现有这样一个现象：孩子们玩耍的时候有着不同的表现，有时小心翼翼，辛辛苦苦地用积木搭成一座房子，有时费不少精力，画了一张很漂亮的图画。可是，当大人正在旁边为他们的成果庆祝赞赏的时候，他们却毫不留恋地把所搭成的房子推倒，把画随手揉成一团。

这时候，成年人往往禁不住为孩子们惋惜：“为什么好不容易做出来的东西，这样不知道珍惜爱护呢？为什么不把它们好好地保存起来，留着慢慢地欣赏呢？”其实，当你看到孩子们又重起炉灶，用自己的智慧创造出另一件更新的、更好的作品时，你就会欣然领悟到，在超越自我方面，孩子比成人强得多了！因为，他们永不满足自己现有的成绩，随时准备打破既有的功绩。

那么，为什么成年人缺乏孩子这种自我赶超的精神，取得一点成绩后就容易停下来呢？在进取心方面，成年人似乎比孩子要逊色得多，其中有着怎样的逻辑呢？或许，孩子不看重所谓的荣誉；或者，成年人变得越来越懒惰。无论怎样，人们越来越不相信自己能够持久战斗下去，并获取更高的荣誉，已经成为一种通病。内心少了自我赶超的坚定信仰，所以生命的底色才黯淡无光。

显然，如果一个人对自己仅有的一点成绩只会珍重和欣赏，不敢重起炉灶重新创造的时候，也许就暗示着他不会再有太多新的发展了。因此，当我们因为一点成绩就沾沾自喜的时候，不妨看看孩子，也许我们应该学习他们那种敢于创新、积极进取的精神。

当一个人走向社会，经过一番拼搏小有成就的时候，接下来是持续发展还是固步自封？很多人到了这一步时往往就显得迷茫，无所适从，这是一个人的人生理念转变的关键时期，也是个体发展的十字路口。

固步自封，瞻前顾后，就会裹足不前，难有更大发展。生活中，很多原本处于领先地位的优势竞争者，因为固步自封、创新乏力而被市场淘汰，这样的例子实在不少。

杰克是一个很有能力的创业者，不到两年时间就把自己的公司打理得井井有条，生产稳定，产品畅销，盈利丰厚，在业内颇有名气。时间一长，他就在生产管理、产品开发及市场营销上形成了固有模式，不肯越“雷池”半步，坚信“以不变应万变就是公司的生命”，认为公司产品只要销路好、盈利高，就不需要再寻求变化，不需要再研制开发新产品，不需要再进行创新投资。结果，没出两年，他就被同行挤垮了。

一战期间，杜邦家族一直是军火生产的大型供应商。然而，杜邦并没有被暂时的超额利润所迷惑，因为他深知战争总有结束的一天。为此，他并不执著于军火工业，而是积极地寻求在其他领域有所突破。几经斟酌，杜邦第六任总裁皮埃尔选定了化学工业，作为杜邦新的发展方向。

做出这一选择，主要考虑了下面两个因素：第一，化学工业与军工生产关系密切，转产容易，便于操作；第二，其他行业大多数被各财团瓜分完毕，惟有化学工业比较薄弱，因此拥有极大的发展潜力。事实证明，杜邦的决定是非常正确的。20 世纪 50 年代，世界上其他家族相继衰败，杜邦家族却因经营化工用品而日益兴旺，充分说明在取得一定成绩后能够继续朝着取经的方向前进，是多么重要。

时间，对于每个人来说都是宝贵而有限的。有许多事情不值得花太多的时间去完成，也许它对于你来说根本就不适合。在这种时候，适时放手也许是最好的选择。把精力放在更重要的事情上，奔向一个新的未来，生命的色彩会更绚烂，人生的景色也会更加壮丽。

一个人应当享受成功的喜悦，但是更应该再接再厉，创造新的辉煌，超越从前的自己。辉煌，只能代表过去。未来的路上，更远大的目标在向我们招手。能够持续进步的人，才更值得尊敬，也更值得学习。不满足，不陶醉，不偷懒，不停歇，“继续往你取经的路上去”，这是生命之树常青的秘诀。